地市供电公司企业标准汇编

企业发展管理及管理基础卷

开封供电公司　编

黄河水利出版社
·郑州·

图书在版编目(CIP)数据

地市供电公司企业标准汇编. 企业发展管理及管理基础卷/开封供电公司编. —郑州:黄河水利出版社,2011.12
ISBN 978-7-5509-0170-4

Ⅰ.①地… Ⅱ.①开… Ⅲ.①供电-工业企业管理-标准-汇编-开封市 Ⅳ.①F426.61-65

中国版本图书馆CIP数据核字(2011)第262667号

出 版 社:黄河水利出版社
地址:河南省郑州市顺河路黄委会综合楼14层 邮政编码:450003
发行单位:黄河水利出版社
发行部电话:0371-66026940、66020550、66028024、66022620(传真)
E-mail:hhslcbs@126.com
承印单位:河南地质彩色印刷厂
开本:787 mm×1 092 mm 1/16
印张:5.75
字数:133千字 印数:1—1 000
版次:2011年12月第1版 印次:2011年12月第1次印刷

定价:28.00元

《地市供电公司企业标准汇编》编委会

前　言

《地市供电公司企业标准汇编》(以下简称《汇编》)以开封供电公司为代表,收录了地市供电公司生产经营过程中的各种标准,旨在规范地市供电公司的生产经营管理活动。本汇编共包括四卷,分别为:《企业发展管理及管理基础卷》、《资产经营及物资管理卷》、《人力资源及监督管理卷》、《科技信息管理卷》。

本卷为《企业发展管理及管理基础卷》,包括企业发展管理篇和管理基础篇两大部分。其中,企业发展管理篇包括综合统计管理标准、综合计划管理标准、重点工作督察督办管理标准、综合线损管理标准。管理基础篇包括企业标准编制导则、标准化建设管理标准。

本《汇编》是公司领导正确领导的结果,是各单位集体劳动的成果,凝结了各位参与者的智慧和汗水,在此向大家一并表示感谢。

受编者理论政策水平所限,本《汇编》难免存在错误疏漏之处,欢迎广大同行批评指正。

编　者

2011 年 10 月

目 录

管理基础篇

企业发展管理篇

综合统计管理标准

Q/GDW1714 2090201—2010

前　言

本标准为规范开封供电公司综合统计管理而制定。

本标准按照 GB/T 1.1—2009 给出的规则起草。

本标准中的附录 A 为规范性附录。

本标准由开封供电公司标准化建设委员会提出并归口。

本标准由开封供电公司标准化建设办公室组织起草编制。

本标准起草人:刘平

本标准标准化建设办公室编审组审核人:胡昆岭

本标准专业审核人:王黎冬

本标准标准化建设办公室审核人:胡昆岭　郑罡　高鑫　张白　朱峰　高付良　申文琰　周世华

本标准审定人: 郭亚

本标准批准人: 郑盾

本标准由开封供电公司标准化建设委员会委托公司发展策划部负责解释。

本标准首次发布。

1　范围

本标准规定了开封供电公司综合统计管理的规范性引用文件、术语和定义、职责与权限、管理内容与方法以及检查与考核、报告与记录等要求。

本标准适用于开封供电公司综合统计管理。

2　规范性引用文件

下列文件对于本文件的应用是必不可少的。凡是注日期的引用文件,仅注日期的版本适用于本文件。凡是不注日期的引用文件,其最新版本(包括所有的修改单)适用于本文件。

国家统计局、开封市统计局　《工业生产统计指标解释》

国家电网公司　《电力工业生产统计指标解释》

国家电网公司发展统计[2008]135 号文　关于印发《国家电网公司统计报表制度(2008)修订版》的通知

3 术语和定义

下列术语和定义适用于本文件。

综合统计

反映开封供电公司全面情况的统计，包括的主要内容有：发、供电生产，电气设备，电力营销，财务指标的收集汇总。

4 职责与权限

4.1 管理分工

发展策划部主管领导是综合统计管理的直接领导，开封供电公司发展策划部是综合统计的归口管理部门，公司各有关职能部门是综合统计的协作部门。

4.2 开封供电公司分管领导

4.2.1 全面领导、组织和协调本公司综合统计管理工作。

4.2.2 审批本公司综合统计数据及分析资料。

4.3 开封供电公司发展策划部

4.3.1 负责开封供电公司综合统计工作标准、管理办法的制定。

4.3.2 负责本公司综合统计工作，在河南省电力公司（简称省公司）发展策划部的指导下负责组织、协调综合统计工作。

4.3.3 负责本公司电力生产统计，在省公司发展策划部的指导下负责组织、协调本公司电力生产统计及分析。

4.3.4 负责本公司电力生产统计工作，在省公司发展策划部的指导下负责组织、协调本公司电力生产、能源消耗统计工作。

4.3.5 应用省公司生产统计分析系统汇总、审核、分析、上报本公司的生产统计数据以及能源消耗统计数据、电力生产统计数据、本地区电力消费统计数据。

4.3.6 贯彻执行国家、上级部门颁发的综合统计管理有关政策、法规、标准、规程、制度。

4.3.7 负责公司综合统计有关信息的发布工作。

4.3.8 对公司各职能部门的统计工作质量进行指导、检查、考核。

4.3.9 负责对所属县供电企业的综合统计工作进行指导和监督，并负责对县供电企业的统计人员进行培训。

4.3.10 对县供电企业的综合统计工作进行指导、检查、考核。

4.3.11 组织综合统计管理经验交流及专业培训工作。

4.3.12 开封供电公司本部有关职能部门。

4.3.13 负责各专业指标的汇总分析、上报工作。

4.4 开封供电公司所属县供电企业

4.4.1 贯彻执行国家、上级部门颁发的综合统计管理有关政策、法规、标准、规程、制度。

4.4.2 根据省公司、开封供电公司的要求和县供电企业的工作实际，编制本企业综合统计工作规划。

4.4.3　组织学习省公司综合统计指标体系及指标口径说明。

4.4.4　负责收集、填报、审核、上报本企业的综合统计数据并编制分析报告。

4.4.5　应用省公司生产统计分析系统汇总、审核、分析、上报本企业生产统计数据、本地区电力生产统计数据、本地区电力消费统计数据。

4.4.6　定期组织对各专业兼职统计人员的培训。

4.4.7　将综合统计工作纳入业绩考核内容，定期对本公司的综合统计工作进行评价、考核。

5　管理内容与方法

5.1　本标准依据的流程

综合统计管理流程见附录 A。

5.2　综合统计指标体系及说明

省公司发展策划部按照国家电网公司发展统计[2008]135 号文 关于印发《国家电网公司统计报表制度(2008)修订版》的通知要求及省公司综合统计管理工作的实际每年制订或修订省公司综合统计指标体系、各种临时报表及相关的统计口径说明。

5.3　统计指标分解

5.3.1　开封供电公司发展策划部综合统计岗位根据省公司发展策划部的有关规定，将本公司综合统计指标按专业在本公司内部各专业间进行分解、下发。

5.3.2　县供电企业根据市供电公司的布置和要求，按专业将综合统计指标按专业在各专业部室间进行分解。

5.4　统计分析

5.4.1　统计数据采集、录入

5.4.1.1　县供电企业按照综合统计工作的要求，按年、季、月对本企业综合统计指标数据进行采集、录入及分析。

5.4.1.2　县供电企业按照行业统计工作的要求，按年、季、月对本地区电力生产、电力消费统计指标数据进行采集、录入及分析。

5.4.2　统计数据审核、上报

5.4.2.1　县供电企业对录入的数据进行汇总、审核，确保录入数据准确无误，由分管领导审核后，经主管领导批准后报市供电公司。

5.4.2.2　供电公司发展策划部综合统计岗位负责对各专业数据进行汇总，并编制本公司综合统计分析报告，由发展策划部主任审查后，经分管领导批准后报省公司发展策划部。

5.4.2.3　供电公司发展策划部综合统计专责人负责对本地区电力生产、电力消费数据进行汇总，并编制本公司电量统计分析报告，由发展策划部主任审查后，经分管领导批准后报省公司发展策划部。

5.4.2.4　公司财务资产部、人力资源部、安全监察部、生产技术部、营销部、科技信息部、农电工作部负责本专业统计指标的汇总，编制统计分析报告，经本部门主任审批后报发展

策划部。

5.4.3 **统计报表分类及上报**

5.4.3.1 月报:根据国家电网公司《电力工业生产统计指标解释》、国家统计局、河南省统计局《工业生产统计指标解释》,省公司生产统计分析系统月度数据库—本地区电力生产、电力消费部分。县供电企业每月3日前上报市供电公司,供电公司每月5日前上报省公司发展策划部。

5.4.3.2 省公司生产统计分析系统月度数据库—本公司售电量、线损及本公司直供行业用电分类部分。各供电公司于每月2日10时前上报省公司发展策划部和国家电网公司。

5.4.3.3 向国家统计局、开封市统计局报送的《工业产销总值》报表,由发展策划部填报并于每月1日24时前报送。

5.4.3.4 向开封市统计局、开封市发改委报送的各种报表,由公司发展策划部每月3日前填报后,由主管领导批准后,每月5日前报送。

5.4.3.5 季报:省公司生产统计分析系统季度数据库—发电能力表、输电能力表、变电能力表,各供电公司于次月5日前上报省公司发展策划部。

5.4.3.6 省公司能源消耗季度数据库—地市公司能源消费情况表,公司物流服务分中心、财务部应将相关数据报送至发展策划部,由发展策划部汇总后于每季次月的6日前上报省公司发展策划部。

5.4.3.7 向国家统计局开封市调查队报送的"工业企业景气调查",发展策划部汇总后,由主管经理批准后,每季最后一月10日前报送。

5.4.3.8 年报:省公司生产统计分析系统年度数据库—本地区电力生产、电力消费部分。县供电企业年后5日前上报供电公司,供电公司年后8日前上报省公司发展策划部。

5.4.3.9 省公司生产统计分析系统年度数据库—本公司售电量、线损、本公司直供行业用电分类部分。供电公司于年后2日10时前上报省公司发展策划部。

5.4.3.10 省公司生产统计分析系统年度数据库—35千伏及以上线路情况及规范,35千伏及以上变电站、变压器情况及规范,发电设备规范,10千伏及以上系统无功补偿设备情况,总产值、增加值部分。各供电公司于1月底前上报省公司发展策划部。

5.4.3.11 向开封市统计局报送的"企业工业产销总值",由发展策划部汇总后,由主管经理批准后,1日24时前报送。

5.4.3.12 向开封市发改委报送的工业企业主要经济指标资料,由公司财务资产部、人力资源部年后11日前报发展策划部,发展策划部汇总后,由主管领导理批准后,于年后12日前报开封市发改委。

5.4.4 **统计分析报告**

5.4.4.1 月度统计分析报告:供电公司的售电量、全社会用电量分析报告于月后6日前上报省公司发展策划部。

5.4.4.2 季度统计分析报告:供电公司的售电量、全社会用电量分析报告于季后6日前上报省公司发展策划部。

5.4.4.3 年度统计分析报告:供电公司的售电量、全社会用电量分析报告于年后1月底前上报省公司发展策划部。

5.4.5 综合统计资料汇编

公司发展策划部每年组织综合统计资料汇编，公司各专业统计负责提供本专业统计资料，于次年3月底前报发展策划部，发展策划部于次年6月之前出版发行。

6 检查与考核

6.1 检查与考核内容

根据国家电网公司要求及省公司的管理需求，检查考核内容主要是对综合统计数据的准确率和报表的及时率进行评价、考核。

6.2 主要考核指标

表1列出了综合统计的主要考核指标。

表1 综合统计管理的主要考核指标

序号	考核指标	考核标准	负责岗位	所属部门	监督部门
1	统计数据上报及时率	统计数据上报及时率100%，每下降一个百分点扣0.5分	综合统计	公司发展策划部、财务资产部、人力资源部、生技部、营销部、科信部、县供电企业	发展策划部
2	统计数据准确率	统计数据准确率100%，每下降一个百分点扣0.5分	综合统计	公司发展策划部、财务资产部、人力资源部、生技部、营销部、科信部、县供电企业	省公司发展策划部

7 报告与记录

表2列出了执行本标准形成的报告与记录。

表2 综合统计管理报告与记录汇总表

序号	报告与记录编号	报告与记录名称	填写人	保存地点	保存形式	保存期限
1	Q/GDW1714 2090201—2010－R01	省公司电力生产统计月度数据库文件	各级统计专责	公司发展策划部、县供电企业、市场营销部	电子文档、纸质文档	长期
2	Q/GDW1714 2090201—2010－R02	省公司电力生产统计年度数据库文件	各级统计专责	公司发展策划部、县供电企业、市场营销部、生产技术部	电子文档、纸质文档	长期
3	Q/GDW1714 2090201—2010－R03	工业企业主要经济指标(月报)	各级统计专责	公司发展策划部	电子文档、纸质文档	长期
4	Q/GDW1714 2090201—2010－R04	企业工业产销总值	各级统计专责	公司发展策划部	电子文档、纸质文档	长期
5	Q/GDW1714 2090201—2010－R05	工业企业主要经济指标(年报)	各级统计专责	公司发展策划部	电子文档、纸质文档	长期
6	Q/GDW1714 2090201—2010－R06	企业统计年报	各级统计专责	公司发展策划部	电子文档、纸质文档	长期

附录 A
（规范性附录）
综合统计管理流程

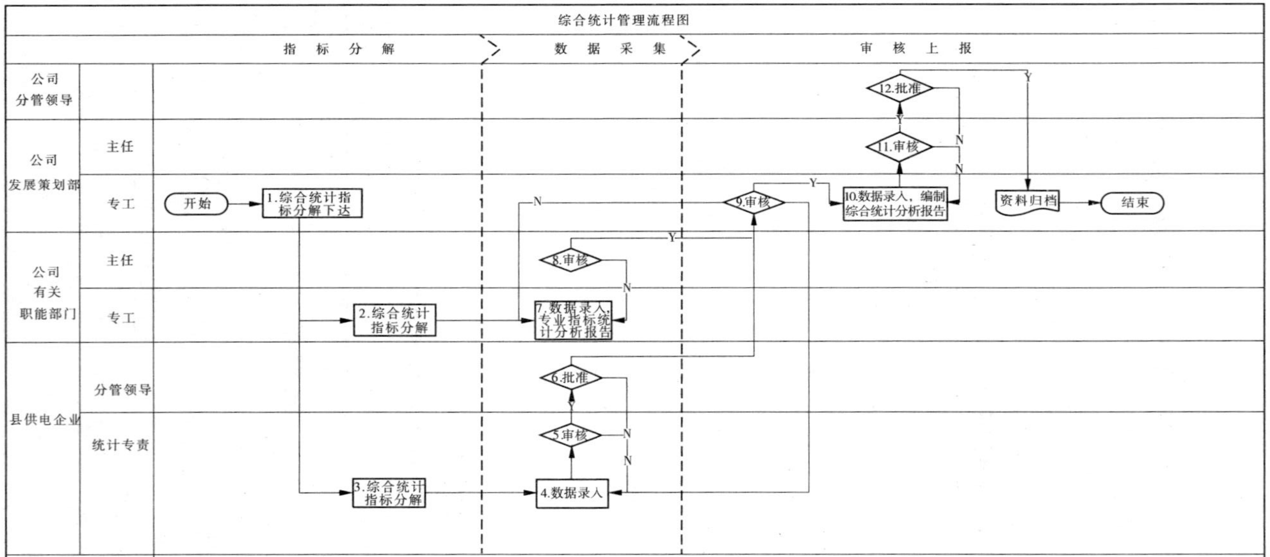

基础资料	1.省公司电力生产统计月度数据库文件 2.省公司电力生产统计年度数据库文件 3.工业企业主要经济指标（月报） 4.企业工业产销总值（月报） 5.工业企业主要经济指标（年报） 6.企业统计年报
过程描述	节点1:公司发展策划部综合统计岗位每年年初根据上级要求和形势发展变化将综合统计指标按专业在公司内部各专业间进行分解、下发。 节点2:公司各相关职能部室将指标进行内部分解。 节点3:县供电企业根据供电公司的布置和要求按专业将综合统计指标，按专业在公司各专业部室间进行分解。 节点4~6:县供电企业统计专责将数据进行录入，经分管领导审核后报开封供电公司发展策划部。 节点7、8:公司各相关部室统计专责负责本专业统计指标的汇总，编制统计分析报告，经本部门主任审批后报发展策划部。 节点9、10:公司发展策划部按专业分工对指标数据进行审核、汇总，编制公司综合分析报告，由发展策划部分管主任审查后，经主管领导审批后报省公司发展策划部并存档。

图 A.1　综合统计管理流程图

综合计划管理标准

Q/GDW1714 2090202—2010

前　言

本标准为规范开封供电公司综合统计管理而制定。

本标准按照 GB/T 1.1—2009 给出的规则起草。

本标准中的附录 A 为规范性附录。

本标准由开封供电公司标准化建设委员会提出并归口。

本标准由开封供电公司标准化建设办公室组织起草编制。

本标准起草人:刘平

本标准标准化建设办公室编审组审核人:胡昆岭

本标准专业审核人:王黎冬

本标准标准化建设办公室审核人:胡昆岭　郑罡　高鑫　张白　朱峰　高付良　申文琰　周世华

本标准审定人:郭亚

本标准批准人:郑盾

本标准由开封供电公司标准化建设委员会委托公司发展策划部负责解释。

本标准首次发布。

1　范围

本标准规定了开封供电公司综合计划管理的规范性引用文件、术语和定义、职责与权限、管理内容与方法以及检查与考核、报告与记录等要求。

本标准适用于开封供电公司综合计划管理。

2　规范性引用文件

下列文件对于本文件的应用是必不可少的。凡是注日期的引用文件,仅注日期的版本适用于本文件。凡是不注日期的引用文件,其最新版本(包括所有的修改单)适用于本文件。

国家电网发展[2009]1099 号　　《国家电网公司综合计划管理办法》

3　术语和定义

下列术语和定义适用于本文件。

3.1　综合计划

以公司发展战略和规划为指导,在各有关专业计划的基础上,进行综合平衡、优化后形成的公司年度计划。

3.2 固定资产投资

建造和购置固定资产的经济活动,即固定资产再生产活动。固定资产再生产过程包括固定资产更新(局部和全部更新)、改建、扩建、新建等活动。

3.3 电网新开工规模

建设设计文件中规定的永久性工程第一次开始施工的变电容量和线路长度。

3.4 电网投产规模

按设计文件中规定的生产能力或效益全部或部分建成,经鉴定合格或达到竣工验收标准,正式移交生产或使用时的变电容量和线路长度。

4 职责与权限

4.1 管理分工

公司总经理办公会是综合计划的管理机构,公司发展策划部是综合计划的归口管理部门,公司本部各相关职能部门是综合计划的协作部门,公司所属各单位是综合计划的实施部门。

4.2 公司分管领导(总经理办公会)

4.2.1 审批公司年度综合计划。

4.2.2 负责协调综合计划中的重大问题。

4.2.3 批准省公司要求上报的公司综合计划月(季、年)度执行情况分析报告。

4.2.4 批准公司综合计划相关管理办法。

4.3 公司发展策划部

4.3.1 负责编写、制定计划工作内容。

4.3.2 编制相关专业计划(草案),对各职能部门编制的专业计划进行综合平衡和优化。

4.3.3 会同有关职能部门对公司系统各专业计划(草案)进行会审、综合平衡和优化。

4.3.4 检查、监督各专业计划执行情况,完善综合计划体系的运行。

4.3.5 向各专业计划职能部门反馈考核及评估结果。

4.3.6 负责编制专业计划月(季、年)度执行情况的分析总结及改进措施报告。

4.3.7 负责公司综合计划月(季、年)度执行情况分析报告的编写。

4.3.8 根据上级调整计划和公司阶段性生产经营实际情况对综合计划调整和修正。

4.4 公司本部有关职能部门

4.4.1 编制各相关专业计划(草案)。

4.4.2 检查、监督分管各专业计划执行情况,对执行情况提出考核意见。

4.4.3 定期向公司发展策划部提报送月(季、年)度专业计划执行情况的分析总结及改进措施报告。

4.4.4 负责各专业计划的执行,落实具体实施措施,保证计划目标的实现。

5 管理内容与方法

5.1 本标准依据的流程

综合计划管理流程见附录A。

5.2 综合计划编制

按照国家电网发展[2009]1099号《国家电网公司综合计划管理办法》的规定,综合计划的内容包括综合计划指标和综合计划报告两部分,主要内容如下:

5.2.1 综合计划指标是省公司年度计划的具体量化目标。

5.2.2 综合计划报告包括总报告和各专业报告。

a)总报告的主要内容包括综合计划编制指导思想、编制的原则和依据,并根据资产情况和经营状况,结合国家宏观经济政策、电力市场情况和下年度预测水平,对各项计划指标及计划方案进行综合平衡和优化,分析有利因素和不利因素,提出保证综合计划各项指标和总体目标顺利实施的措施和要求。

b)各专业报告的主要内容包括各专业计划的编制依据、安排原则、相关分析、实施方案和落实措施等。

5.3 综合计划编制分工

5.3.1 公司发展策划部编制电力产量计划(草案)、能源节约计划(草案)、智能电网投入计划(草案)相关部分、35千伏及以上的电网建设规模计划(草案)和除限下技改计划之外的固定资产投资计划(草案)。

5.3.2 公司生产技术部编制固定资产投资计划(草案)中的供电限下技改计划(草案)、10千伏及以下的电网建设规模计划(草案)、大修项目投资计划(草案)、城市综合供电电压合格率。

5.3.3 公司农电工作部编制公司的农村综合供电电压合格率及农村供电可靠率计划(草案)。

5.3.4 公司财务资产部编制公司的资产经营计划(草案)。

5.3.5 公司营销部编制公司的电费回收计划(草案)和智能电网投入计划(草案)中的相关部分及城市供电可靠率计划(草案)。

5.3.6 公司人力资源部编制公司的职工人数、工资总额、全员劳动生产率(增加值)及教育培训投入计划(草案)。

5.3.7 公司科技信息部编制公司的研究开发费计划(草案)和智能电网投入计划(草案)中的信息化投入部分。

5.4 综合计划的编制、上报、下达

5.4.1 每年7月份,公司发展策划部计划处综合计划管理专责起草公司综合计划编制启动会的通知,经部门主任审核,分管领导批准后下发本部各有关职能部门。会议由发展策划部主任召集,分管领导主持,组织本部各有关职能部门参加,部署综合计划编制工作。

5.4.2 每年8~9月份,接到省公司编制各专项计划的通知后,公司发展策划部组织公司各有关职能部门按照职能分工,各职能部门计划专责人编制下年度专业计划。

5.4.3　每年9月30日前,各职能部门将各专业计划建议报告上报公司发展策划部。

5.4.4　每年10月10日前,公司发展策划部综合计划专工,会同有关职能部门对各职能部门编制的专业计划进行综合平衡和优化,编制完成年度综合计划(草案),经部门主任、公司分管领导审核,总经理办公会批准后,上报省公司。

5.4.5　公司在接到省公司下达的年度综合计划后,公司发展策划部综合计划专工,分解年度工作计划,经部门主任审核,分管领导审批后,下达到相关职能部门。

5.5　综合计划的实施与调整

5.5.1　公司各专业职能部门计划专责根据发展策划部下发的年度综合计划,进行综合计划的分解执行。

5.5.2　公司各职能部门及时跟踪所负责的专业计划的实施、协调、控制情况,计划专责人负责于每月3日前形成月(季、年)度分析报告通过综合计划管理业务应用系统报发展策划部。

5.5.3　公司发展策划部指导、检查本部各相关部门、所属各单位计划实施、执行情况。综合计划专工于每月10日之前形成综合计划月(季、年)度分析报告,经部门主任审核,分管领导审批后,通过综合计划管理应用系统上报国家电网公司。

5.5.4　综合计划指标一般不作调整。根据电力市场和客观环境等实际情况,确须调整的,须由公司有关职能部门向公司发展策划部提出调整计划的申请并说明调整的理由,发展策划部综合计划专工编写调整计划建议,经部门主任审核,总经理办公会审批后,上报省公司。

5.5.5　公司发展策划部综合计划专工根据省公司批准的调整计划建议,向公司有关职能部室下达调整计划。

5.6　总结

5.6.1　次年1月上旬,公司相关职能部室计划专责编写年度计划完成情况报告,经部门主任审核后报公司发展策划部。

5.6.2　次年1月中旬,公司发展策划部综合计划专工汇总、编写完成公司年度综合计划完成情况报告,经部门主任审核,总经理办公会审批后上报省公司。

5.6.3　公司发展策划部综合计划专工将综合计划资料归档。

6　检查与考核

6.1　检查与考核内容

6.1.1　计划草案编制情况。

6.1.2　各专业计划编制完成、准确情况。

6.1.3　综合计划完成情况。

6.1.4　各专业计划完成情况。

6.2　主要考核指标

表1列出了综合计划管理的主要考核指标。

表 1　主要考核指标

序号	考核指标	考核标准	负责岗位	所属部门	监督部门
1	计划编制与实际完成偏差率	计划编制与实际完成偏差率 100%，每降低 1 个百分点扣 0.5 分	职能部门专责	各职能部门	发展策划部
2	专项计划指标完成率	专项计划指标完成率 100%，每降低 1 个百分点扣 0.5 分	职能部门专责	各职能部门	发展策划部
3	专业计划上报延迟天数	每延迟 1 天扣 0.2 分	职能部门专责	各职能部门	发展策划部
4	月(季、年)度计划完成情况报告上报延迟天数	每延迟 1 天扣 0.1 分	职能部室专责 发展策划部 综合计划专工	各职能部室 发展策划部	发展策划部

7　报告与记录

表 2 列出了执行本标准形成的报告与记录。

表 2　综合计划管理报告与记录汇总

序号	报告与记录编号	报告与记录名称	填写人	保存地点	保存形式	保存期限
1	Q/GDW1714 2090202－2010－R01	年度综合计划（草案）	发展策划部 综合计划专工	发展策划部	电子文档	5 年
2	Q/GDW1714 2090202－2010－R02	综合计划跟踪分析月度报告	各职能部室计划专责 发展策划部 综合计划专工	发展策划部 专业职能部室	电子文档	5 年
3	Q/GDW1714 2090202－2010－R03	各专业年度建议计划	各职能部室计划专责	发展策划部 专业职能部室	电子文档	5 年
4	Q/GDW1714 2090202－2010－R04	调整计划建议报告	各职能部室计划专责 发展策划部 综合计划专工	发展策划部 专业职能部室	电子文档	5 年
5	Q/GDW1714 2090202－2010－R05	公司年度综合计划完成情况及下一年度建议报告	各职能部室计划专责 发展策划部 综合计划专工	发展策划部 专业职能部室	电子文档	5 年

附录 A
（规范性附录）
综合计划管理流程

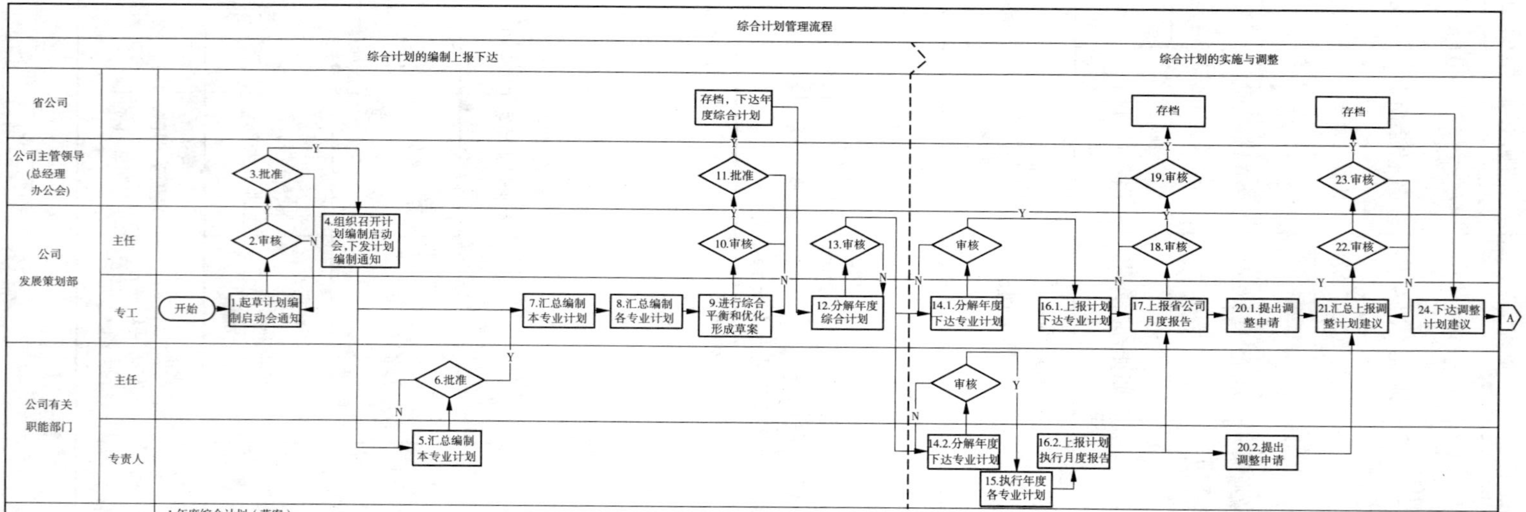

基础资料	1.年度综合计划（草案） 2.综合计划跟踪分析月度报告 3.各专业年度建设计划 4.调整计划建议 5.省公司年度综合计划完成情况
过程描述	节点1~3：每年7月份，公司发展策划部综合计划专工起草编制启动会的通知，经部门主任审核，分管领导批准后，下发总部各有关职能部门。 节点4：会议由发展策划部主任召集，分管领导主持，组织各有关职能部门参加，部署综合计划编制工作。 节点5~7：每年8~9月份，接到国家电网公司编制各专项计划的通知后，公司各有关职能部门按照职能分工，各职能部门计划专责人起草专业计划。 节点8：每年9月30日前，各职能部门将各专业计划建议报告上报公司发展策划部。 节点9~11：每年10月10日前，公司发展策划部计划处综合计划专工，会同总部有关职能部门对各职能部门编制的专业计划进行进行综合平衡和优化，编制完成年度综合计划（草案），经部门主任，公司分管领导审核，总经理办公会批准后，上报省公司。 节点12、13：公司在接到省公司下达的年度综合计划后，公司发展策划部综合计划专工，分解年度工作计划，经部门主任审核，分管领导审批后，下达到相关职能部门。 节点14/15：各专业职能部门根据发展策划部下达综合计划，进行综合计划的分解，经部门主任审核后执行。 节点16：公司各职能部门计划专责人负责于每月3日前形成分析报告通过计划管理业务应用系统报发展策划部。 节点17~19：公司发展策划部于每月10日之前形成综合计划跟踪分析月度报告，经部门主任审核，分管领导审批后，通过综合计划管理应用系统上报省公司。 节点20：职能部门向公司发展策划部提出调整计划的申请。 节点21~23：发展策划部综合计划专工编写调整计划建议，经部门主任审核，总经理办公会审批后，上报省公司。 节点24：公司发展策划部专工根据省公司批准的调整计划建议，向公司有关职能部室下达调整计划。

图 A.1　综合计划管理流程图

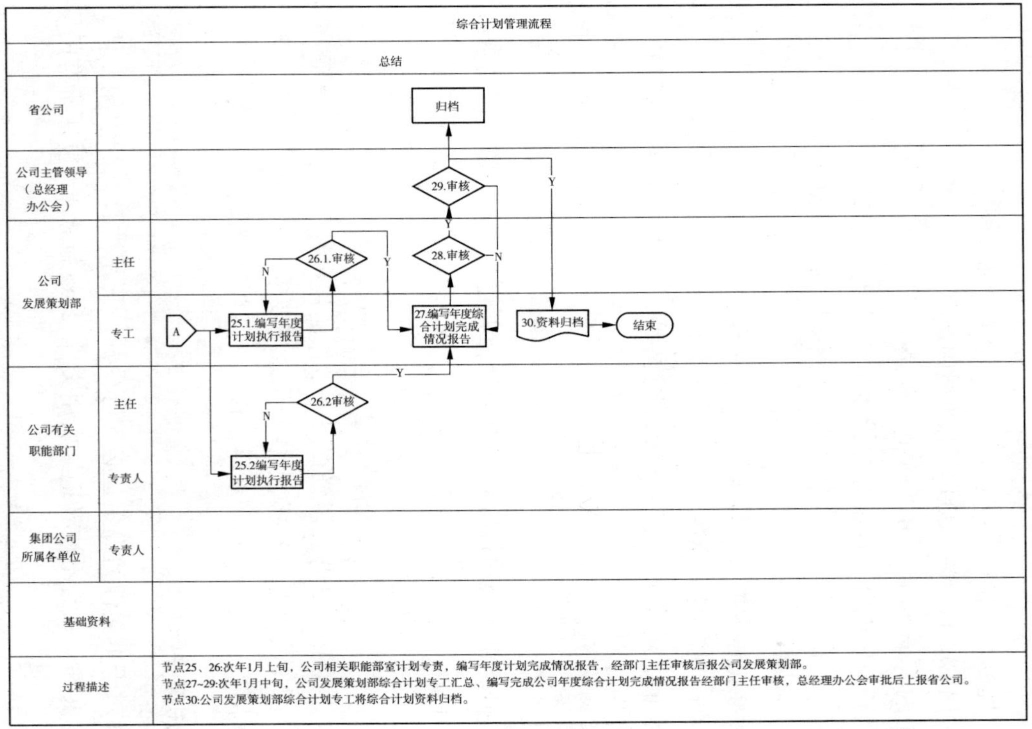
综合计划管理流程
总结
省公司
公司主管领导
（总经理
办公会）
公司
发展策划部
主任
专工
公司有关
职能部门
主任
专责人
集团公司
所属各单位
专责人
基础资料
过程描述
归档
29.审核
28.审核
26.1.审核
Y
N
A
25.1.编写年度计划执行报告
27.编写年度综合计划完成情况报告
30.资料归档
结束
26.2审核
25.2编写年度计划执行报告
节点25、26:次年1月上旬，公司相关职能部室计划专责，编写年度计划完成情况报告，经部门主任审核后报公司发展策划部。
节点27~29:次年1月中旬，公司发展策划部综合计划专工汇总、编写完成公司年度综合计划完成情况报告经部门主任审核，总经理办公会审批后上报省公司。
节点30:公司发展策划部综合计划专工将综合计划资料归档。

续图 A.1

重点工作督察督办管理标准

Q/GDW1714 2090203—2010

前　言

本标准为规范开封供电公司重点工作督查督办而制定。

本标准按照 GB/T 1.1—2009 给出的规则起草。

本标准中的附录 A、附录 B 为规范性附录。

本标准由开封供电公司标准化建设委员会提出并归口。

本标准由开封供电公司标准化建设办公室组织起草编制。

本标准起草人:刘平

本标准标准化建设办公室编审组审核人:胡昆岭

本标准专业审核人:王黎冬

本标准标准化建设办公室审核人:胡昆岭　郑罡　高鑫　张白　朱峰　高付良　申文琰　周世华

本标准审定人: 郭亚

本标准批准人: 郑盾

本标准由开封供电公司标准化建设委员会委托公司发展策划部负责解释。

本标准首次发布。

1　范围

本标准规定了开封供电公司督查督办工作的规范性引用文件、术语和定义、职责与权限、管理内容与方法、检查与考核、报告与记录等要求。

本标准适用于开封供电公司重要工作的督查督办管理。

2　规范性引用文件

下列文件对于本文件的应用是必不可少的。凡是注日期的引用文件,仅所注日期的版本适用于本文件。凡是不注日期的引用文件,其最新版本(包括所有的修改单)适用于本文件。

开封供电公司绩效管理办法

3　职责与权限

3.1　管理分工

在公司领导统一领导下,公司的重点工作由办公室和发展策划部归口管理,各部门按照职能分工承担重点工作的执行和落实。

3.2 开封供电公司分管领导

3.2.1 签批重点工作督查督办事项。

3.2.2 审批督查督办事项变更。

3.2.3 审核批准督查督办工作年度考核意见。

3.3 开封供电公司办公室

3.3.1 负责对总经理办公会、党政联席会议定事项、公文、各部门申请督察督办事项进行督察督办。

3.3.2 对负责督察督办事项提出考核意见。

3.4 发展策划部

3.4.1 负责对安全例会、经营管理分析会、各部门申请督察督办事项议定事项进行督察督办。

3.4.2 对负责督察督办事项提出考核意见。

3.4.3 定期编发督察督办周报、月报。

3.5 开封供电公司各部门

3.5.1 按照办公室或发展策划部安排的督办事项分工，负责对督查督办事项的执行和落实，并对承办人进行督导、督查。

3.5.2 由多部门共同承担的督查督办工作，由牵头部门负责协调落实。

3.5.3 各承办单位主要领导是落实督办工作的第一责任人，对督办工作的落实负总责。

4 管理内容与方法

4.1 本标准依据的流程

重点工作督查督办管理流程图见附录A。

4.2 督查督办的工作范围

4.2.1 省公司、市委、市政府等上级单位安排部署、批示交办及工作协商的事项。

4.2.2 公司领导安排部署、批示交办的事项。

4.2.3 公司年度工作计划及目标任务落实情况。

4.2.4 公司年度工作会议、半年工作会议、季度工作会议、党政联席会议、总经理办公会、党委会议、职代会、公司领导周碰头会、月度工作例会、经济活动分析会等会议议定事项。

4.2.5 公司重大工作部署和重要活动安排、出台的重要制度和文件，以及办公室发出的电话通知、要求等。

4.2.6 市人大代表、政协委员的提案和建议。

4.2.7 基层单位上报公司的重要报告和请示事项。

4.2.8 其他需要督查的事项。

4.3 督查督办事项下达

4.3.1 依据公司领导批示的重点工作督查督办事项，督查单位提出拟办意见，明确承办部门（单位）。

4.3.2 督查单位填写"重点工作督查（督办）通知单"，发送给承办部门。督查单位交办时应明确办理要求和办结时间，便于承办部门落实。

4.3.3 对公司重大决策、重要工作部署或领导批示、交办的事项，实行专项督查，按问题分解立项，确定承办部门（单位）、办理要求和完成时限，督促有关部门（单位）按规定时限落实。

4.3.4 对重要督查事项，由督查人员直接到承办部门（单位）进行实地督查落实。

4.3.5 对关系全局的重大事项，在阶段性督查基础上，进行动态跟踪督查，掌握全过程进展情况，或由公司办公室或发展策划部牵头，相关部门参与开展联合督查工作。

4.3.6 各级督查督办人员要敢于负责，一丝不苟，一抓到底，对督查的事项要落实到责任部门和责任人。承办部门（单位）要加强协作，密切配合，雷厉风行，狠抓落实。

4.4 督查方式

4.4.1 公文督查。全局性、综合性的督查事项，一般通过协同办公系统下发督查通知单。适时检查工作进度，发现问题，及时报请有关领导协调解决。

4.4.2 电话督查。内容较为单一，办结时限紧的督查事项，通过电话方式进行督查督办。

4.4.3 会议督查。办理环节复杂、涉及部门（单位）多的督查事项，根据实际需要，报请公司有关领导出面协调，或经有关领导同意，召开联席会议督促办理。

4.4.4 实地督查。根据工作需要，对重要督查事项或领导交办重点事项采取重点督查、抽查验证等形式实施现场督查督办。

4.4.5 联合督查。根据工作需要，并经公司领导同意，由公司办公室协同相关部门组成联合督查组，督促检查相关工作。

4.4.6 督查调研。发扬严、细、实的工作作风，深入一线，积极开展针对性强、实效性强的督查调研活动。

4.5 督查督办事项办理

4.5.1 有关部门接到"督查督办工作单"后，应按规定时限办结，确实不能在规定时限办结的，要及时向公司办公室、发展策划部说明原因。需书面上报办理情况时，由有关部门拟稿，经公司办公室、发展策划部审核后，报送公司领导签批。同一事项由几个部门办理的，由牵头单位负责协调。

4.5.2 "督查督办工作单"发出后，办公室、发展策划部要及时催办，了解督查督办事项的落实情况。对办理过程中出现的问题应及时做好协调工作，必要时请有关领导协调解决，促进督查督办事项的落实。

4.5.3 督查督办时限要求：督办事项有进度和时限要求的，按照进度和时限要求办理。

4.5.3.1 督办事项有特殊要求的，由公司办公室或发展策划部提出特殊的办理时限和办理要求。

4.5.3.2　办公室、发展策划部是督查督办工作的组织实施部门，内部实行分工负责制，重点抓好催办环节。各承办部门（单位）是督办工作的具体落实部门，对所负责的事项，重点抓好信息反馈环节。反馈承办情况时，要力求做到快速、准确、精炼、规范。

4.5.3.3　各承办部门（单位）在督办事项办理过程中遇到自身难以解决的问题、重大问题或出现新情况，应随时请示。因特殊情况不能按时办结的，要及时说明原因，并报告工作进展情况和下步工作措施。

4.5.3.4　督查工作应从实际出发，讲求实效，切忌表面、表层、表演。上报落实情况应客观全面，杜绝避重就轻、敷衍塞责。对督办事项应坚持实事求是原则，做到事实清楚、结论准确、处理得当。

4.5.3.5　对推诿扯皮、久拖不办、弄虚作假的，要通报批评并限期办结；对重大督办事项因工作失误造成不良影响的，要追究部门及个人责任。

4.5.3.6　督查督办事项需要变更的，由承办部门提前提出书面申请，报公司办公室或发展策划部，经办公室或发展策划部主任审核，报公司领导批准后，进行变更认定。

4.5.3.7　加强督办网络建设，逐步建立公司内各部门协调配合、上下贯通、高效灵敏的督查督办工作网络，确保督查督办工作高效率地落实和反馈。

4.6　督查督办事项办结

承办部门办理完毕后，需承办单位填写“督查（督办）通知单”，承办单位部门负责人签字审核，报送下达任务的公司领导，经公司领导审查办理结果是否符合要求后签字。最后将办理结果汇总至督察单位。由多部门承办的重要事项，由牵头部门汇总形成综合材料并报送公司领导签字审核，再反馈至督察单位。

5　检查与考核

5.1　检查与考核内容

5.1.1　列入公司督查督办的事项一律纳入考核。公司各部门承办的事项，按照《开封供电公司绩效管理办法》进行考核。

5.1.2　督查督办事项由公司办公室、发展策划部根据督办事项每月总结办理情况，公司领导根据办理情况，进行部门绩效考核。

5.1.3　检查与考核内容主要包括：督查督办事项按规定时限要求完成情况，承办部门在办理过程中信息反馈情况，督查督办事项办结及处理情况。

5.1.4　公司办公室、发展策划部采取多种督促检查方式，随时掌握督办事项的落实情况，并实行定期通报。对抓落实成效突出的单位和个人，给予通报表扬；对工作不主动或敷衍塞责的单位和个人，给予通报批评。

5.1.5　对督查督办事项经认定变更的，在规定时限内仍没有完成的，进行加倍考核。

5.2 主要考核指标

表1列出了重点工作督查督办管理的主要考核指标。

表1 主要考核指标

序号	考核指标	考核标准	负责岗位	所属部门	监督部门
1	督查督办事项按时限要求办结率	100%	督查督办(兼)	办公室、发展策划部	办公室、发展策划部

注:督查督办事项按时限要求办结率(%)=(督查督办事项按时限要求办结项目数/公司办公室、发展策划部下达的督查督办项目总数)×100%。

6 报告与记录

表2给出了执行本标准形成的报告和记录。

表2 重点工作督查督办报告与记录汇总表

序号	报告与记录编号	报告与记录名称	填写人	保存地点	保存形式	保存期限
1	Q/GDW1714 2090203—2010—R01	督查通知单	督查督办(兼)	办公室	纸质文本	3年
2	Q/GDW1714 2090203—2010—R02	督办通知单	督查督办(兼)	办公室	纸质文本	3年

附录 A
（规范性附录）
重点工作督查督办管理流程

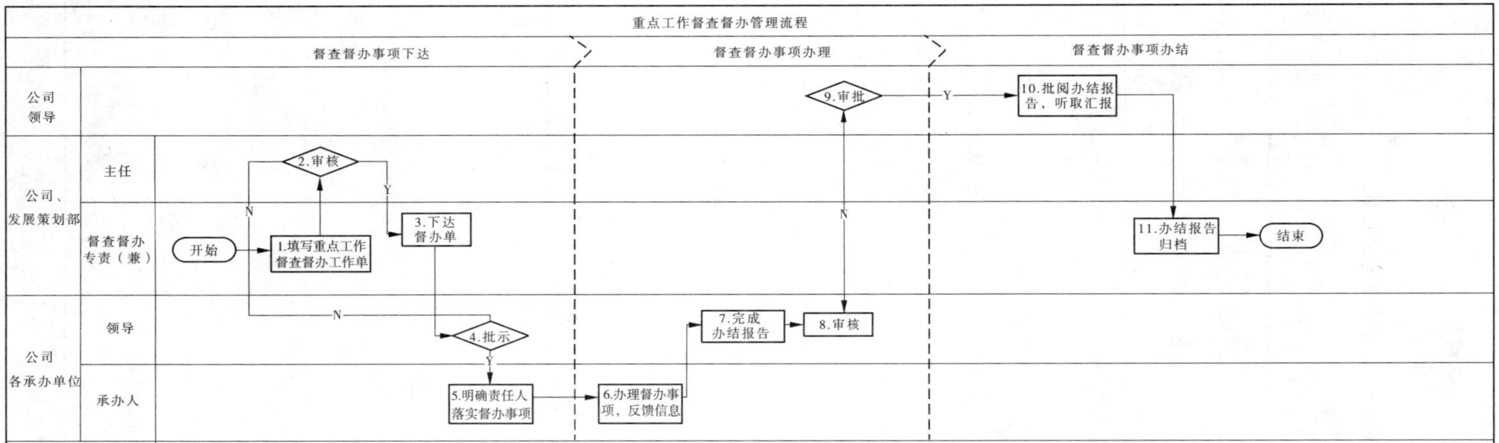

基础资料

1.重点工作督查督办工作单
2.重点工作办结报告

过程描述

重点工作督查督办管理流程由开封供电公司办公室、发展策划部归口管理。
节点1：办公室或发展策划部填写“重点工作督查督办工作单”。
节点2：督查督办单位主任对工作单进行审核，填写意见。
节点3：督查督办单位将督办工作单送传承办部门进行流转。
节点4：承办部门主任对工作单进行审核，如是本部门工作确定责任人和承办人，如有异议反馈至督查督办专责，修改后重新审批下发督查单。
节点5：承办单位承办人明确责任人，落实督办事项。
节点6：各承办单位承办人落实办理督办事项。
节点7：各承办单位生成督办事项办结报告。
节点8：承办单位领导对完成的重点工作督办事项办结报告进行审核。
节点9：公司分管领导同意后形成办结报告，不同意后发给承办单位主任继续办理。
节点10：公司分管领导批阅办结报告，听取汇报。
节点11：办公室、发展策划部督查督办专责对重点工作督查督办报告进行存档。

图 A.1　重点工作督查督办管理流程图

附录 B
(规范性附录)
表格样式

表 B.1　开封供电公司督查通知单

开供督查 F(B)〔YYYY〕MM－XX 号

任务下达领导：　　督查部门：　　　　YYYY 年 MM 月 DD 日

<table>
<tr><td>承办单位</td><td colspan="2"></td><td>承办单位负责人</td><td></td></tr>
<tr><td rowspan="2">督查事项</td><td>种类</td><td colspan="3"></td></tr>
<tr><td>内容</td><td colspan="3"></td></tr>
<tr><td>完成时间及要求</td><td colspan="4">1. 工作完成时间要求：
2. 承办事项按时反馈至发展策划部。
3. 承办事项办理结果及时呈送公司分管领导。
4. 其他要求事项：</td></tr>
<tr><td>承办单位或部门负责人意见</td><td colspan="4">是否办理完毕( )
签字(盖部门章)：</td></tr>
<tr><td>办理情况</td><td colspan="4"></td></tr>
<tr><td colspan="5">任务下达公司领导签字：是否办理完毕( )
签字：</td></tr>
</table>

注："办理情况"主要填写承办事项的简要内容和结果。

表 B.2　开封供电公司督办通知单

开供督查 F(B)〔YYYY〕MM－XX 号

任务下达领导:　　　　督查部门:发展策划部　　　　　2010 年 8 月 2 日

<table>
<tr><td>承办单位</td><td></td><td>承办单位负责人</td><td>张涛</td></tr>
<tr><td>督
办
事
项</td><td colspan="3"></td></tr>
<tr><td>承办部门
或单位主
要负责人
意见</td><td colspan="3">是否办理完毕( )

签字(盖部门章):</td></tr>
<tr><td>办理
结果</td><td colspan="3"></td></tr>
<tr><td colspan="4">任务下达公司领导签字:是否办理完毕( )

签字:</td></tr>
<tr><td colspan="4">注:承办单位主要负责人审核签字后,请报送至任务下达领导批示,最后反馈至督办部门存档备案。
电话:</td></tr>
</table>

综合线损管理标准

Q/GDW1714 2090204—2010

前　言

本标准为规范开封供电公司综合线损管理而制定。

本标准按照 GB/T 1.1—2009 给出的规则起草。

本标准由开封供电公司标准化建设委员会提出并归口。

本标准由开封供电公司标准化建设办公室组织起草编制。

本标准起草人:高鑫

本标准标准化建设办公室编审组审核人:胡昆岭

本标准专业审核人:王黎冬

本标准标准化建设办公室审核人:胡昆岭　郑罡　高鑫　张白　朱峰　高付良　申文琰　周世华

本标准审定人: 郭亚

本标准批准人: 郑盾

本标准由开封供电公司标准化建设委员会委托发展策划部负责解释。

本标准首次发布。

1　范围

本标准规定了开封供电公司线损管理的规范性引用文件、术语和定义、职责与权限、管理内容与方法以及检查与考核、报告与记录等要求。

本标准适用于开封供电公司综合线损管理。

2　规范性引用文件

下列文件对于本文件的应用是必不可少的。凡是注日期的引用文件,仅注日期的版本适用于本文件。凡是不注日期的引用文件,其最新版本(包括所有的修改单)适用于本文件。

DL/T 686—1999　《电力网电能损耗计算导则》

国家电网生[2004]123 号　《国家电网公司电力网电能损耗管理规定》

3　术语和定义

下列术语和定义适用于本文件。

3.1　线损

供电企业在整个供电过程中发生的送变电设备的电能损耗和不明损失。

3.2 线损率

供电过程中耗用和损失的电量占供电量的比率。

4 职责与权限

4.1 管理分工

公司分管领导是线损管理的直接领导,发展策划部是归口管理部门,调通中心、生产技术部、营销部、计量中心、变电运行部、电费管理中心、农电服务中心、后勤服务中心等是线损管理的协作部门。

4.2 开封供电公司分管领导

4.2.1 审批公司线损率指标计划。

4.2.2 审批公司线损率考核意见。

4.3 开封供电公司发展策划部

4.3.1 贯彻国家和上级部门的节能降损方针、政策、法规、标准。

4.3.2 编制线损工作计划及要求。

4.3.3 每月组织召开公司线损专业会。

4.3.4 监督、检查、考核各部门线损管理工作及线损率指标完成情况。

4.3.5 负责公司线损率分压、分线、分台区的统计分析。

4.3.6 组织开展公司线损理论计算及分析工作。

4.3.7 负责线损管理的专业培训及先进管理经验、技术的推广。

4.3.8 协调解决部门之间线损管理中的问题与纠纷。

4.3.9 每月完成上报省公司的各种报表。

4.3.10 每月完成线损快报。

4.4 开封供电公司调通中心

4.4.1 编制管辖范围内变电站电压曲线;提出无功合理配置方案和改善电网电压质量的措施,最大限度实现无功的分层分区控制和就地平衡。

4.4.2 科学安排检修计划,缩短设备停运时间;根据电网潮流和负荷变化,及时调整运行方式,保证电网经济运行。

4.4.3 负责关口电量远传系统主站的运行管理,制定管理办法。

4.4.4 参与关口电能计量故障差错调查处理。

4.4.5 负责分析网损的构成及分布情况,提出降低网损的技术措施和管理措施,撰写分析报告,并将计算结果及分析报告提交发展策划部。

4.4.6 负责公司电网负荷实测及线损理论计算工作,撰写公司线损理论计算分析报告。

4.5 开封供电公司生产技术部

4.5.1 参与公司线损相关管理办法制定、降损规划编制、线损检查等工作。

4.5.2 针对电网结构以及设备运行状况,根据线损理论计算情况,参与编制年度降损技术措施计划,分别纳入大修、技改等工程项目安排并组织实施,及时反馈技术降损项目完成情况和设备装备水平情况。

4.5.3 负责无功补偿设备的配置、调整以及无功优化和运行管理工作,指导相关部门提高供电电压合格率。

4.6 开封供电公司营销部

4.6.1 负责公司系统配网线损的管理工作,参与相关管理办法制定、降损规划编制、线损检查等工作。

4.6.2 负责公司系统电能计量管理工作,制定关口电能计量工作的规章制度和技术规范。

4.6.3 负责定期(按月)对公司系统配网线损执行情况进行分析。

4.6.4 定期组织开展用电营业普查工作,制定考核办法和奖惩措施。

4.6.5 负责防窃电措施的研究和推广。

4.6.6 执行《功率因数调整电费办法》,督促、检查、指导各供电公司加强客户无功补偿装置的配置及运行维护。

4.6.7 组织社会节电宣传,推广节电新产品。

4.6.8 牵头组织关口电能计量故障差错调查处理,并将处理建议及结果反馈发展策划部。

4.7 开封供电公司计量中心

4.7.1 负责督促关口计量点的电能计量装置的定检、轮校和有关协调工作,保证计量装置精度。

4.7.2 负责各级电能计量装置新装、增装及更换,并对电能计量装置是否符合电能计量管理规程进行监督。

4.7.3 搞好开封供电区各类电能计量装置的计量管理。

4.7.4 参加基建、技改等工程电能计量装置及回路的设计审查及竣工验收,对不符合有关规定的部分提出改进意见。

4.7.5 负责计量缺陷的管理工作。

4.8 开封供电公司变电运行部

4.8.1 负责变电站站用电指标的完成和母线电量不平衡工作。

4.8.2 对电能计量装置的正确运行进行监督,对母线电量不平衡进行统计和分析,对变压器损耗进行统计和分析。发现问题,及时汇报。

4.8.3 负责做好旁路开关运行、更换 CT 和 PT,以及电能计量装置运行异常时及时通知有关部门,并做好时间、负荷记录,以便追补电量。

4.8.4 按调度命令或有关规定及时投退无功补偿设备,根据母线电压变化及时建议有载调压分接头,并做好投退记录。

4.9 开封供电公司电费管理中心、农电服务中心

4.9.1 负责所辖公用配网线损指标的完成。

4.9.2 加强营业管理,定期组织开展辖区内经常性的用电营业普查工作。

4.9.3 定期对所辖配网进行线损理论计算和分析,明确主攻方向和工作重点,提出改进

措施和建议。

4.9.4 严格执行抄表制度，严格考核营抄人员电能表实际抄见率、正确率等指标要求，确保抄表质量。

4.9.5 开展辖区内线损的分片、分线、分压（中压10千伏、低压0.4千伏）、分台区统计考核工作。

4.9.6 严格执行线损分析制度，对辖区内高线损率的公用线路、台区详细说明原因，采取降损措施，统计投入产出比。

4.10 开封供电公司后勤服务中心

负责公司办公生产用电、三产用电的完成；做好公司属办公地点及生产厂地非生产用电的管理工作。

5 管理内容与方法

5.1 本标准依据的流程

线损管理流程见附录A。

5.2 指标管理

5.2.1 为加强线损管理，便于检查和考核线损管理工作，应认真开展如下与线损管理有关指标的统计和考核工作。

5.2.1.1 综合线损率，主、配网线损率指标。

5.2.1.2 降损节电量及营业追补电量。

5.2.1.3 供电电压合格率。

5.2.1.4 变电站母线电量不平衡率。

5.2.1.5 电能表校前合格率、检验率、轮换率、故障率。

5.2.1.6 变电站站用电指标完成率。

5.2.1.7 售电量结构分析，无损售电量占有比重。

5.2.1.8 抄表制度。

5.2.1.9 电量差错。

5.2.1.10 35千伏及以上用户PT二次压降合格率。

5.2.1.11 分压、分线、分台区线损率统计报表。

5.2.2 线损率计划编制要以近期实际完成情况为基础，参考线损理论计算结果，并综合考虑以下因素进行确定。

5.2.2.1 供电营业区域的变化。

5.2.2.2 系统运行方式和潮流分布、电网结构变化。

5.2.2.3 负荷和用电结构变化。

5.2.2.4 其他因素。

5.2.3 形成月度重点分析、季（年）度全面分析制度，月度针对异常情况进行分析，每季度进行一次全面分析，半年进行一次小结，全年进行一次总结，跟踪分析线损率变化情况，及时解决线损率计划执行过程中的问题，确保线损率计划顺利完成。

5.2.4　月度发生异常的认定：

5.2.4.1　当综合线损率、主网网损、配网线损率波动幅度超过同期值或计划指标的20%时。

5.2.4.2　分压线损率波动幅度超过同期值或计划指标的20%，或母线电能不平衡率220千伏大于±1%、10～110千伏大于±2%。

5.2.4.3　线损率环比波动幅度超过20%。

5.2.5　线损异常处理须按闭环管理原则进行，明确异常原因和处理流程，落实处理措施、责任部门和责任人，跟踪处理结果；对线损率偏大、损失电量较高的异常事件要进行书面分析并及时上报上级主管部门。

5.3　营销管理

5.3.1　加强电力营销管理，建立健全规章制度；加强营销管理岗位责任制，减少内部责任差错；防止窃电和违章用电，坚持开展经常性的用电检查，及时发现由于管理不善造成的电量损失，并采取有效措施，以降低管理线损。

5.3.2　根据国家电网公司《营业抄核收工作管理规定》，严格抄表制度，合理安排抄表例日，尽量缩短每月供、售电量抄表时间差，以减少统计线损率的波动。所有客户的抄表日期一经确定，不得随意变动。

5.3.3　低压台区作为降损的关键环节，要结合低压改造、业扩工程、台区治理、智能电表推广、用电信息采集系统建设等，实现分台区线损管理，并制定分台区线损的考核管理制度和实施细则。

5.3.4　售电量应以电能表抄见电量数为准。对错抄、错算、漏抄的电量，经核对无误后，准予更正。对查出的偷、漏电量，属于正常收费部分应计入售电量，属于违约使用电费部分不得折合电量参加计算。

5.4　计划编制及指标分解

5.4.1　每年11月份，公司发展策划部线损专工预测下年度线损率指标建议计划。

5.4.2　公司发展策划部、调通中心、营销部以前3年线损率统计值为基础，结合线损理论计算值，编制线损率指标计划，并根据以下具体影响线损率升降的诸因素进行修正：

5.4.2.1　供电区域变化影响。

5.4.2.2　系统电源分布变化，负荷增长与用电构成变化影响。

5.4.2.3　电网结构变化，系统运行方式和系统潮流分布变化影响。

5.4.2.4　基建、技改等降损工程投运的影响。

5.4.2.5　新增大工业客户投运的影响。

5.4.2.6　系统中主要元件的更换及通过元件负荷的变化影响。

5.4.2.7　每年12月份，公司发展策划部线损专工对省公司下发的年度线损率指标进行分解，经主任审核，报分管领导审批后，下发到本单位有关部门执行。

5.4.2.8　公司营销部、变电运行部、电费管理中心、农电服务中心线损专责人对下发的年度线损率指标进行分解，指标分解落实到班组、员工。

5.5 线损率指标的统计与分析

5.5.1 综合线损率当月、年累计同比大于1%或超出计划值1.5%时,必须进行书面分析并查明原因,落实整改措施。

5.5.2 每月7日前,发展策划部统计开封供电公司供电量统计表(见附录B表B.1),上报省公司发展策划部。

5.5.3 每月7日前,发展策划部统计月度分压线损率报表(见附录B表B.2),上报省公司发展策划部。

5.5.4 每月10日前,发展策划部应组织召开经营管理分析会,对线损率指标进行分析。

5.5.4.1 发展策划部应对月度及累计供售电量、综合线损率、主网线损率、配网综合线损率完成情况进行分析。

5.5.4.2 营销部对配网降损工作情况进行总结,并对配网线损影响因素进行分析。

5.5.4.3 稽查分局对降损工作提出稽查意见。

5.5.4.4 公司领导对降损工作做出指示,并对相关部门下达工作任务。

5.5.4.5 发展策划部负责会后编写会议纪要,并对重点工作进行督察督办。

5.6 线损快报编制

线损快报分为综合线损快报、主网线损快报、配网线损快报三类。

5.6.1 综合及主网线损快报的编制

5.6.1.1 每月4日前,生产技术部编制好综合及主网线损快报,并报送至发展策划部。

5.6.1.2 发展策划部对综合及主网线损快报进行审核,当月5日前,将定稿的综合及主网线损快报在公司领导、线损管理相关部门范围内进行发布。

5.6.2 配网线损快报的编制流程

5.6.2.1 每月15日前,电费管理中心、农电服务中心将编制好的本单位管理权限内的配网线损快报报送至营销部。

5.6.2.2 营销部对电费管理中心、农电服务中心编制的配网线损快报进行汇集整理,编制配网综合线损快报,于当月17日前报送至发展策划部。

5.6.2.3 发展策划部对配网线损快报进行审核,于当月18日前在公司领导、线损管理相关部门范围内进行发布。

5.6.2.4 当月22日前,电费管理中心、农电服务中心将调整修订后的本单位管理权限内的配网线损快报报送至营销部。

5.6.2.5 营销部对电费管理中心、农电服务中心调整修订后的配网线损快报进行汇集整理,编制配网综合线损快报,于当月25日前报送至发展策划部。

5.6.2.6 发展策划部对调整修订后的配网线损快报进行审核,于当月26日前在公司领导、线损管理相关部门范围内进行发布。

6 检查与考核

6.1 检查与考核内容

公司发展策划部按月、年对相关部门线损率指标执行情况按《开封供电公司绩效管理办法》进行检查考核。

6.2 主要考核指标

表1列出了线损管理的主要考核指标。

表1 线损管理的主要考核指标

序号	考核指标	考核标准	负责岗位	所属部门	监督部门
1	线损率	开封供电公司线损考核办法	线损管理	发展策划部	发展策划部
2	报表及时准确率	报表及时准确率100%	线损管理	发展策划部	发展策划部

7 报告与记录

表2列出了执行本标准形成的报告与记录。

表2 线损管理报告与记录汇总

序号	报告与记录编号	报告与记录名称	填写人	保存形式	保存地点	保存期限
1	Q/GDW1714 2090204—2010 - R01	线损率建议计划的报告	线损专工	纸质文档	发展策划部	长期
2	Q/GDW1714 2090204—2010 - R02	线损率指标月度完成情况分析	线损专工	电子文档	发展策划部	长期
3	Q/GDW1714 2090204—2010 - R03	线损率指标年度完成情况分析	线损专工	电子文档	发展策划部	长期
5	Q/GDW1714 2090204—2010 - R04	月度分压线损率完成情况表	线损专工	电子文档	发展策划部	长期
7	Q/GDW1714 2090204—2010 - R05	定期进行线损理论计算分析报告及报表	线损专工	电子文档	发展策划部	长期

附录 A
（规范性附录）
综合线损管理流程

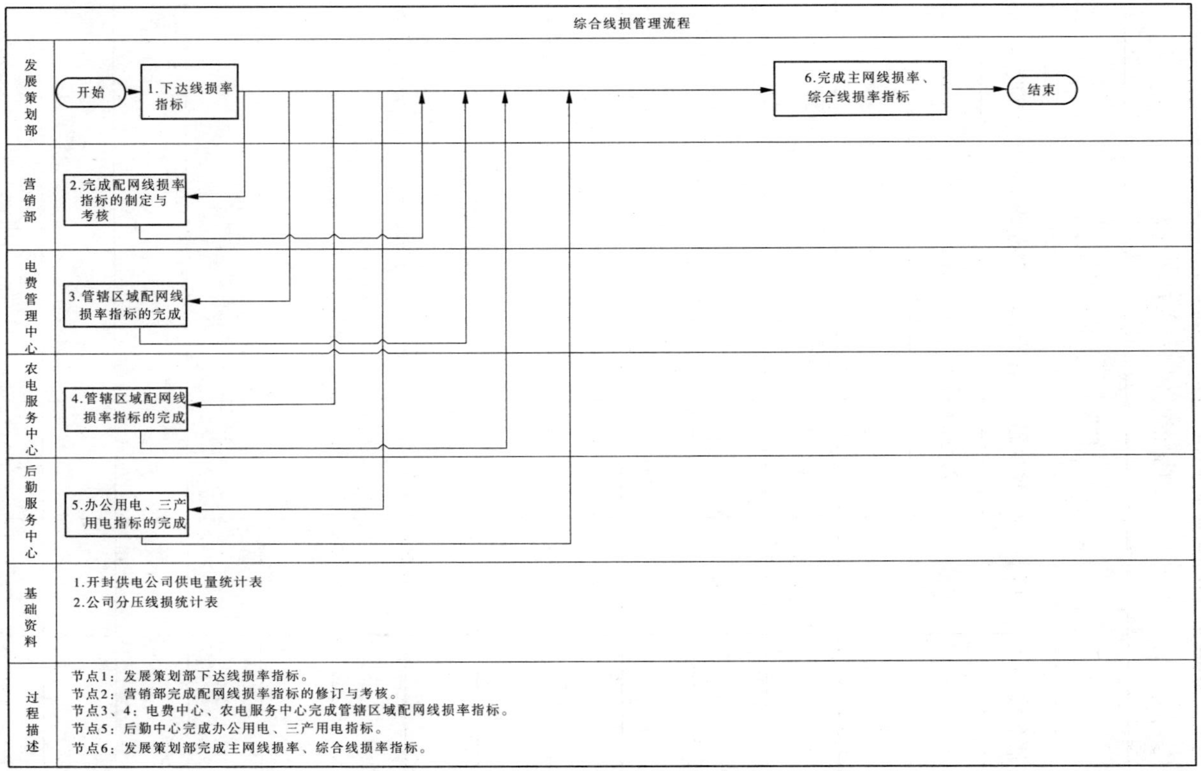

图 A.1　综合线损管理流程图

附录 B
（规范性附录）
表格样式

表 B.1 开封供电公司供电量统计表（月报）

开封供电公司供电量统计表				
日期： 年 月				
关口表名称	倍率	抄见码	抄记电量（万千瓦时）	备注
合计：				

统计专责： 线损专责： 主管领导：

表 B.2　公司分压线损统计表(月报)

综合填报单位:开封供电公司

指标名称	计量单位	指标代码	本月	累计
一、电厂上网电量	万千瓦时	1		
其中:110 kV 上网电量	万千瓦时	101		
35 kV 上网电量	万千瓦时	102		
10 kV 及以下上网电量	万千瓦时	103		
二、110 kV 转入电量	万千瓦时	21		
其中:自本省其他市输入电量	万千瓦时	211		
自外省输入电量	万千瓦时	212		
三、35 kV 转入电量	万千瓦时	22		
其中:自本省其他市输入电量	万千瓦时	221		
自外省输入电量	万千瓦时	222		
四、10 kV 及以下转入电量	万千瓦时	23		
其中:自本省其他市输入电量	万千瓦时	231		
自外省输入电量	万千瓦时	232		
五、110 kV 转出电量	万千瓦时	31		
其中:向本省其他市输出电量	万千瓦时	311		
向外省输出电量	万千瓦时	312		
六、35 kV 转出电量	万千瓦时	32		
其中:向本省其他市输出电量	万千瓦时	321		
向外省输出电量	万千瓦时	322		
七、10 kV 及以下转出电量	万千瓦时	33		
其中:向本省其他市输出电量	万千瓦时	331		
向外省输出电量	万千瓦时	332		

指标名称	计量单位	指标代码	本月	累计
八、售电量	万千瓦时	4		
其中:110 kV 售电量	万千瓦时	401		
35 kV 售电量	万千瓦时	402		
10 kV 及以下售电量	万千瓦时	403		
其中:110 kV 无损电量	万千瓦时	411		
110 kV 绝对无损电量	万千瓦时	412		
35 kV 无损电量	万千瓦时	413		
35 kV 绝对无损电量	万千瓦时	414		
10 kV 及以下无损电量	万千瓦时	415		
10 kV 及以下绝对无损电量	万千瓦时	416		
九、线损电量	万千瓦时	5		
其中:110 kV 线损电量	万千瓦时	501		
35 kV 线损电量	万千瓦时	502		
10 kV 及以下线损电量	万千瓦时	503		
十、线损率	%	6		
其中:110 kV 线损率	%	601		
35 kV 线损率	%	602		
10 kV 及以下线损率	%	603		
十一、有损线损率	%	7		
其中:110 kV 有损线损率	%	701		
35 kV 有损线损率	%	702		
10 kV 及以下有损线损率	%	703		

管理基础篇

企业标准编制导则

Q/GDW1714 2000101—2010

前　言

本标准为规范开封供电公司企业标准编制而制定。

制定本标准的目的是规范标准化文件编写管理,力求使企业标准编写规则、书写格式等规定达到标准统一。

本标准由开封供电公司标准化建设委员会提出。

本标准由开封供电公司发展策划部归口。

本标准由开封供电公司标准化建设项目组组织起草编制。

本标准中的附录A、附录B为规范性附录。

本标准由开封供电公司标准化建设委员会提出并归口。

本标准由开封供电公司标准化建设办公室组织起草编制。

本标准起草人:胡昆岭　郑罡　高鑫　张白　朱峰　高付良　申文琰　周世华

本标准编审组审核人:胡昆岭

本标准专业审核人:王黎冬

本标准标准化建设办公室审核人:胡昆岭　郑罡　高鑫　张白　朱峰　高付良　申文琰　周世华

本标准审定人:郭亚

本标准批准人:郑盾

本标准由开封供电公司标准化建设委员会负责解释。

本标准首次发布。

1　范围

本标准规定了编制开封供电公司技术标准、管理标准和工作标准的基本要求。

本标准适用于开封供电公司企业标准的编制。

2　规范性引用文件

下列文件中的条款通过本标准的引用而成为本标准的条款。凡是注日期的引用文件,其随后所有的修改单(不包括勘误的内容)或修订版均不适用于本标准,然而,鼓励根据本标准达成协议的各方研究是否可使用这些文件的最新版本。凡是不注日期的引用文件,其最新版本适用于本标准。

《中华人民共和国标准化法》

GB 3101(所有部分)　《有关量、单位和符号的一般原则》

GB 3102(所有部分)《量和单位》

GB/T 1.1—2000《标准化工作导则　第1部分:标准的结构和编写规则》

GB/T 13016—1991《标准体系表编制原则和要求》

GB/T 13017—1995《企业标准体系表编制指南》

GB/T 15496—2003《企业标准体系　要求》

GB/T 15497—2003《企业标准体系　技术标准体系》

GB/T 15498—2003《企业标准体系　管理标准和工作标准体系》

GB/T 15834《标点符号用法》

GB/T 1526(所有部分)《信息处理　数据流程图、程序流程图、系统流程图、程序网络图和系统资源图的文件编制符号及约定》

GB/T 20000.2《标准化工作指南　第2部分:采用国际标准的规则》

GB/T 3935.1—1996《标准化和有关领域的通用术语　第1部分:基本术语》

DL/T 600—2001《电力行业标准编写基本规定》

DL/T 800—2001《电力企业标准编制规则》

国家经贸委第10号令《电力行业标准化管理办法》

3　术语和定义

下列术语和定义适用于本标准。

3.1　技术标准

对标准化领域中需要协调统一的技术事项所制定的标准。

[GB/T 15497—2003 企业标准体系　技术标准体系,术语与定义 3.1]

3.2　技术标准体系

企业范围内的技术标准按其内在联系形成的科学的有机整体,它是企业标准体系的组成部分。

[GB/T 15497—2003　企业标准体系 技术标准体系 术语与定义 3.2]

3.3　管理标准

对企业标准化领域中需要协调统一的管理事项所制定的标准。

注:"管理事项"主要指在企业管理活动中,所涉及的经营管理、设计开发与创新管理、质量管理、设备与基础设施管理、人力资源管理、安全管理、职业健康管理、环境管理、信息管理与技术标准相关联的重复性事物和概念。

[GB/T 15498—2003　企业标准体系　管理标准和工作标准体系,术语与定义 3.1]

3.4　管理标准体系

企业标准体系中的管理标准按其内在联系形成的科学的有机整体。

[GB/T 15498—2003　企业标准体系　管理标准和工作标准体系,术语与定义 3.3]

3.5 工作标准

对企业标准化领域中需要协调统一的工作事项所制定的标准。

注："工作事项"主要指在执行相应管理标准和技术标准时与工作岗位的职责、岗位人员基本技能、工作内容、要求与方法、检查与考核等有关的重复性事物和概念。

[GB/T 15498—2003 企业标准体系 管理标准和工作标准体系，术语与定义 3.2]

3.6 工作标准体系

企业标准体系中的工作标准按其内在联系形成的科学的有机整体。

[GB/T 15498—2003 企业标准体系 管理标准和工作标准体系，术语与定义 3.4]

4 总则

4.1 编写原则

4.1.1 标准的内容应贯彻国家法律、法规及有关的方针和政策。

4.1.2 标准的条款应与现行的国家标准、行业标准、地方标准、国家电网公司标准和企业标准相协调。

4.1.3 企业宜制定严于国家标准、行业标准、地方标准和国家电网公司标准的企业技术标准。

4.1.4 标准的内容应便于实施。

4.1.5 制定标准时，应积极采用国际标准和国外先进标准。采用国际标准应符合 GB/T 20000.2《标准化工作指南 第2部分：采用国际标准的规则》的规定。

4.2 基本要求

4.2.1 标准所包含的条款在其范围所规定的界限内按需要应完整，明确而无歧义，能被使用人员所理解。

4.2.2 标准的条款应逻辑严谨、结构清晰、语言准确、文字精炼、清楚易懂，避免使用模棱两可的措辞。编写标准条款时所使用的助动词见附录 A。

4.2.3 标准中某一给定概念应使用相同的术语。对于已定义的概念应避免使用同义词，所选用的术语应只有唯一的含义。

4.2.4 当涉及安全、卫生、环境保护和技术方面的要求时，应明确规定具体的技术指标。这些指标应能测量和检验。

4.2.5 编写系列标准，可充分考虑最新技术水平，为未来的技术发展提供框架。

4.2.6 标准内容应成熟，凡属手册、教材、科技书、产品说明书中一般性、解释性、常识性的内容不应写入标准条文。

4.2.7 标准中使用的字号和字体见附录 B。凡本标准未作规定的，均应执行 GB/T 1.1—2000《标准化工作导则 第1部分：标准的结构和编写规划》的规定。

4.2.8 标准中使用标点符号应符合 GB/T 15834《标点符号用法》的规定。

5 标准体系结构

5.1 企业标准体系的组成

5.1.1 电力企业标准体系以技术标准为主体,包括管理标准和工作标准。

5.1.2 电力企业标准体系的组成包括企业所采用的上层标准和本企业制定的标准。

5.2 企业标准体系的层次结构

企业标准体系的层次结构见图1。

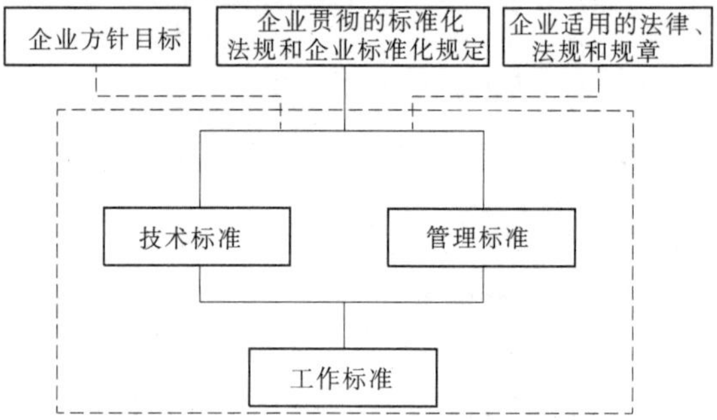

图1 企业标准体系的层次结构

5.2.1 技术标准体系表见附录C。

5.2.2 管理标准体系表见附录D。

5.2.3 工作标准体系表见附录E。

6 电力企业标准编号规则

电力企业标准编号规则见附录F。

7 标准通用结构

7.1 内容划分

7.1.1 通则

根据标准化对象的不同,可编制一项单独标准出版或将一项标准分成若干个单独的部分出版。标准的层次有:部分、章、条、段和附录。条可以继续细分。

7.1.2 部分的划分

篇幅过长或内容相互关联的标准通常可划分为几个部分,每个部分涉及对象的一个特定方面,并能单独使用;或者对象具有通用和特殊两个方面,通用方面应作为第1部分,不能单独使用的特殊方面应作为其他各部分。在这种情况下,其中一个部分引用另一个部分的内容时,应引用最新版本。

7.1.3 单项标准的内容划分

标准由规范性要素和资料性要素组成。表1给出了单项标准中要素的分类及编排示例,并给出了每个要素所允许的内容。表1中的编排顺序与所写标准不一定完全一致。

表1　标准中要素的分类与编排

要素类型		要素名称	必备或可选要素	表述要素允许的形式及其性质		
				专用语(规范性)	规范性	资料性
资料性概述要素		封面	必备	名称		其他标示内容
		目次	可选			目次清单
		前言	必备			条文、注、脚注
规范性要素	一般要素	名称	必备	名称的文字		
		范围	必备		条文、图、表、公式	注、脚注
		规范性引用文件	可选	引导语/引用文件		脚注
	技术要素	术语和定义	可选		条文、图、表、公式	注、脚注
		符号和缩略语	可选			
		标准对象主题内容	必备			
		规范性附录	可选			
资料性补充要素		资料性附录	可选			条文、图、表、公式、注、脚注
		参考文献	可选			引用文件、脚注
		索引	可选			条文
包括技术标准、管理标准和工作标准中的主题内容。						

规范性要素中标准对象主题内容是编写企业技术标准、管理标准和工作标准的核心。

7.2　封面

封面的字体及格式要求均执行 DL/T 800—2001《电力企业标准编制规则》第 6.1 条规定。开封供电公司封面格式模版见附录 G。

7.3　目次

7.3.1　开封供电公司标准编写要求均应设定目次。

字体及格式要求均执行 DL/T 800—2001《电力企业标准编制规则》第 6.2 条规定。

7.3.2　目次的内容及次序

——前言

——章的编号、标题(例如:1)

——第一层次条的编号、标题(例如 1.1)

——附录编号、标题

7.3.3　目次的生成

目次应自动生成,不需手工编排。

7.4　前言

前言是资料性的概述要素,同时又是一个必备要素。前言应位于目次之后,用“前言”作标题。字体及格式要求均执行 DL/T 800—2001《电力企业标准编制规则》第 6.3

条规定。

7.4.1　前言的组成

前言由特定部分和基本部分组成。

7.4.2　特定部分

应给出关于标准的一些重要信息，包括说明标准编制目的、本身的结构，与国际标准的一致性程度，与前一版本的变化，与其他文件的关系，以及附录的性质等。

7.4.3　基本部分

应视情况依次给出标准的提出、起草（修订）单位、起草人、审核人（含初审人、复审人）、审定人、批准、归口和标准历次版本发布情况等八项信息。

示例1：

管理标准前言

本标准为规范××××管理而制定。

制定本标准的目的××××××。

本标准由开封供电公司标准化委员会提出。

本标准由开封供电公司科技信息部归口。

本标准由开封供电公司标准化办公室组织起草编制。

××专业标准编审小组人员：

本标准起草人：（署明起草人姓名）

本标准初（复）审人：（专业主管负责人）

本标准审定人：（专业分管领导）

本标准批准人：（标准化委员会主任）

本标准由开封供电公司标准化委员会委托××部负责解释。

版次：A/0（本次编写均按照本模式，以后修改的版本依次改为A/1、A/2…）

示例2：

工作标准前言

本标准为规范××岗位工作而制定。

制定本标准的目的是明确××岗位工作要求和方法，规范工作行为，提高工作效率。

本标准由开封供电公司标准化委员会提出。

本标准由开封供电公司人事部归口。

本标准由开封供电公司标准化办公室组织起草编制。

××专业标准编审小组人员：

本标准起草人：（署明起草人姓名）

本标准初（复）审人：（专业主管负责人）

本标准审定人：（专业分管领导）

本标准批准人：（标准化委员会主任）

本标准由开封供电公司标准化委员会委托××部负责解释。

版次：A/0（本次编写均按照本模式，以后修改的版本依次改为A/1、A/2…）

7.5　层次的描述和编号方法

7.5.1　部分

应使用阿拉伯数字从 1 开始对部分编号。部分的编号应置于标准顺序号之后，并用下脚点与标准顺序号隔开。如：2000.1、2000.2 等。但不应将部分再分成分部分。标准各部分的名称应有相同的引导要素（可选）和主体要素（必备），补充要素应不同，补充要素前均应注明“第×部分：”（×为阿拉伯数字）。

7.5.2　章

章是标准内容划分的基本单元。

在每项标准或每个部分中，应使用阿拉伯数字从 1 开始对章编号，该编号左起顶格排。编号应从“范围”一章开始，一直连续到附录之前。

每一章均应有标题。标题应置于编号之后空一个字排，并与其后的条文分行。

7.5.3　条

条是章的细分。应使用阿拉伯数字对条编号，该编号左起顶格排。第一层次的条（例如 1.1）可分为第二层次的条（例如 1.1.1），需要时，一直可分到第五层次（例如 1.1.1.1.1.1）。

同一层次中有两个以上（含两个）的条时才可设条。

第一层次的条宜给出标题。标题应置于编号之后空一个字排，并与其后的条文分行。第二层次的条可同样处理。在某一章或条中，同一层次的条，有无标题应统一。

7.5.4　段

段是章或条中一个不编号的层次。段的条文应左起空两个字排，换行时顶格排。

除导语外，应尽量避免出现悬置段。

7.5.5　附录

每个附录都应在正文中提及。附录分为规范性附录（给出标准正文的附加条款）和资料性附录（给出附加信息，不含要求）；附录的编号由“附录”和大写英文字母组成，附录编号下方的圆括号内应标明附录的性质，在下方排附录的标题，三行均用黑体字居中排印。

第一个附录应另起一面排。通常，每个附录均宜另起一面排。当有多个附录而且较短时，也可接排。附录中图、表的编号应在该附录编号的英文字母前加上“图”或“表”字，在字母后写上图或表的顺序号，字母和顺序号之间加下脚点，如“图 A.1”、“表 C.2”等。附录中公式的编号应在附录编号字母后加顺序号，其间应加下脚点。

附录的编排以其在标准正文中出现的先后为序，与附录的性质无关。

7.5.6　书眉和终结线

标准出版时文本均不加书眉线，从目次起，只在左（双数页）、右（单数页）上角书眉处排印标准编号。目次、前言用罗马数字编排页码，其余页码用阿拉伯数字编排。

在标准的最后一个要素之后，应有标准的终结线。该线为 1.5 磅粗实线，长度为版心宽度的 1/4，居中排印。

8　技术标准的编写

8.1　技术标准的收集和转化

8.1.1　要求

凡对制定企业技术标准有指导和制约作用,或能够直接指导本企业生产技术的国家标准、行业标准,均应纳入本企业技术标准体系。

对企业而言,企业技术标准是对企业标准化领域中需要协调统一的技术事项所制定的标准。

企业技术标准的形式可以是标准、规范、规程、守则、操作卡、作业指导书等。

8.1.2　收集

企业应收集与本企业有关的国家标准、行业标准和地方标准等。

企业对收集的技术基础标准一般可直接引用。

8.1.3　转化

根据企业的需要,可从收集的技术标准中,对其中的适用内容进行选择、补充,制定成企业标准,在本企业内部使用。

8.1.4　编入企业技术标准体系

编入的方法为:

a)对于适用于企业的国家和行业标准,企业可直接采用,并纳入企业技术标准体系;

b)根据国家和行业标准转化制定的企业技术标准,可将标准文本直接编入企业技术标准体系。

8.1.5　编号

对于编入企业技术标准体系的国家标准和行业标准文本可采用双重编号,即在原标准编号上添加顺序号或资料检索代码,以表明该项标准在企业标准体系中的位置,便于查找。企业制定和转化的技术标准,则应编写本企业标准编号,见附录 F。

8.2　构成

附录 C 给出了技术标准体系表,表中给出了企业技术标准中技术要素的构成及典型编排示例,并列出了每个要素所允许的内容。编写技术标准时,可根据标准化对象的具体特征和制定标准的目的选择表中的有关要素。

8.3　主要内容

具体内容含规划设计、工程建设、设备材料、调度与交易、运行检修、试验与计量、安全与环保、技术监督、信息技术通信、售电市场与营销、新能源与节能。企业技术标准的编写要求执行 GB/T 1.1—2000《标准化工作导则》、GB/T 15497—2003《企业标准体系 技术标准体系》。

8.4　其他要素

企业标准其他要素的编写规则按 GB/T 1.1—2000《标准化工作导则》和 GB/T 15497—2003《企业标准体系 技术标准体系》的规定执行。

9 管理标准的编写

9.1 构成

附录 D 给出了管理标准体系表,表中给出了企业管理标准中要素的构成及典型编排示例,并列出了每个要素所允许的内容。编写管理标准时,可根据标准化对象的具体特征和制定标准的目的选择表 1 中的有关要素。

9.2 管理标准正文编写要点

9.2.1 范围

本标准规定了开封供电公司××管理的职责和权限、管理内容和方法、检查与考核、报告和记录等要求。

本标准适用于开封供电公司××管理。

9.2.2 规范性引用文件

凡在标准中提及的规范性引用文件均应列入规范性引用文件一览表。一览表应放在第 2 部分并由如下一段引导语开头:

"下列文件中的条款通过本标准的引用而成为本标准的条款。凡是注日期的引用文件,其随后所有的修改单(不包括勘误的内容)或修订版均不适用于本标准,然而,鼓励根据本标准达成协议的各方研究是否可使用这些文件的最新版本。凡是不注日期的引用文件,其最新版本适用于本标准。"

编写一览表时应符合以下要求:

——引用文件必须是"管理活动的内容与方法"中引用了的文件(与该项管理事项直接相关的文件)。

——引用文件的排列顺序为:国家标准、行业标准、地方标准、国内有关文件(含企业文件)、ISO 标准、IEC 标准、ISO 或 IEC 有关文件、其他国际标准以及其他国际有关文件。

——上级标准不能引用下级标准或文件。

——同一等级的标准按照标准编号的数字由小到大顺序排列。

——引用法规或国家行政部门发布的文件时,应自左至右依次列出文件号、文件名称(不带书名号),文件号和文件名称之间空一个字间隔。

9.2.3 术语和定义

只对那些容易产生误解的术语才进行定义。

9.2.4 职责与权限

明确实施该项管理活动直接相关的管理者、主管部门(领导)、协作部门(领导)的职责、权限、分工协作及其接口和相互关系。应按该项管理的管理流程图从左至右顺序描述,并在 9.2.5"管理活动的内容与方法"中体现。不涉及企业外的部门(领导)。

9.2.5 管理活动的内容与方法

9.2.5.1 绘制管理流程图

描述顺序要充分体现计划、布置、实施、检查、考核、总结与改进的管理职能。应详细规定该项管理事项的目标(目的和要求),识别实现目标所需的过程(干什么),明确职责

(由谁干),采用什么步骤、方法和措施(文件依据、怎么干、何时干、何地干和必要的资源),如何进行控制,干到什么程度以及形成什么记录和报告,如何传递等。流程图的图形符号应采用 GB/T 1526《信息处理 数据流程图、程序流程图、系统流程图、程序网络图和系统资源图的文件编制符号及约定》的规定。

9.2.5.2 对流程进行描述

一级条按流程阶段描述,设条标题;二级条可不设标题,但内容应覆盖流程图有关内容。应详细规定该项管理活动所涉及的全部内容和应达到的要求,采取的措施和方法。应明确“5W2H”;内容复杂的管理标准,可根据管理活动的特点和实际需要,列出“管理职能和任务”、“管理程序和方法”、“业务分工与联系”、“管理要求”等,分别进行陈述;当管理内容涉及纯技术性问题时,可直接引用技术标准。

9.2.6 检查与考核

9.2.6.1 检查与考核内容

指对照“9.2.5 管理活动的内容与方法”,总结出在流程行进过程中需要检查和考核的主要管理事项和工作,并提出相应的要求。

9.2.6.2 主要考核指标

指“9.2.6.1 检查与考核内容”中管理事项和工作相对应的主要指标。考核指标应与流程中的关键指标相结合,有相应的负责部门。按要求填写表 2。

表 2 主要考核指标

序号	考核指标	考核标准	负责岗位	所属部门	监督部门
1					
2					
⋮					

注:考核标准——对考核指标提出“量、质、期”要求(可参考《业绩考核办法》有关规定进行描述);
负责岗位——指负责对考核指标进行管理的岗位;
所属部门——指负责岗位所在的部门;
监督部门——指有权提出考核意见的部门。

9.2.7 报告和记录

明确该项管理活动所形成的报告和记录的格式、填写要求、签发手续、传递(反馈)路线、注意事项、资料分类与归档、保存方法、保存期限等。应把“9.2.5 管理活动的内容与方法”中产生的报告和记录无一遗漏填写在表 3 中。

表 3 ××管理报告和记录汇总

序号	报告或记录编号	报告或记录名称	填写人	保存地点	保存期限
1					
2					
⋮					

9.2.8 附录

管理流程图为必选要素，作为规范性附录附后。

当其他管理事项需要使用统一表样时，应作为规范性附录附后。

9.2.9 其他要素

企业管理标准中其他要素的编写规则按 GB/T 1.1—2000《标准化工作导则 第1部分：标准的结构和编写规则》和 GB/T 15498—2003《企业标准体系 管理标准和工作标准体系》的规定执行。

10 工作标准的编写

10.1 构成

附录 E 给出了工作标准体系表，表中给出了企业工作标准中要素的构成及典型编排示例，并列出了每个要素所允许的内容。编写工作标准时，可根据标准化对象的具体特征和制定标准的目的选择表中的有关要素。

10.2 工作标准正文编写要点

10.2.1 范围

本标准规定了公司××工作岗位的职责与权限、基本技能要求、工作内容要求与方法、报告和记录、检查与考核等要求。

本标准适用于公司××岗位工作。

10.2.2 规范性引用文件

凡在标准中提及的规范性引用文件均应列入规范性引用文件一览表。一览表应放在第2部分并由如下一段引导语开头：

“下列文件中的条款通过本标准的引用而成为本标准的条款。凡是注日期的引用文件，其随后所有的修改单（不包括勘误的内容）或修订版均不适用于本标准，然而，鼓励根据本标准达成协议的各方研究是否可使用这些文件的最新版本。凡是不注日期的引用文件，其最新版本适用于本标准。”

编写一览表时应符合以下要求：

——引用文件必须是“管理活动的内容与方法”中引用了的文件（与该项管理事项直接相关的文件）。

——引用文件的排列顺序为：国家标准、行业标准、地方标准、国内有关文件（含企业文件）、ISO 标准、IEC 标准、ISO 或 IEC 有关文件、其他国际标准以及其他国际有关文件。

——上级标准不能引用下级标准或文件。

——同一等级的标准按照标准编号的数字由小到大顺序排列。

——引用法规或国家行政部门发布的文件时，应自左至右依次列出文件号、文件名称（不带书名号），文件号和文件名称之间空一个字间隔。

10.2.3 职责与权限

明确该岗位人员的职权和责任，以及与相关岗位的相互关系。可根据"岗位说明书"的有关规定描述，并做必要完善补充。

10.2.3.1 **工作关系**

描述直接上级、直接下级(无下级则不写)、相关工作关系。应填写岗位名称,不应填写人名。

10.2.3.2 **职责**

岗位职责是指本岗位所负的责任,不是具体的工作内容。

职责的填写要求:

——岗位职责按重要程度依次填写;

——不应包含模糊、不确定的内容(如临时分派的工作);

——部门正职管理人员在工作标准的职责中还应明确该部门组织机构的设置内容;

——岗位职责要根据本岗位的要求来制定,不能就自己现在的工作内容或自己能不能完成来制定;

——每一句话只完整表达一项基本职责(语言要求规范、准确,不可模棱两可);

——不要对每条职责采取负责……,负责……,负责……的累赘重复提法,应直接写责任内容;

——职责描述句式采用动宾短语形式,即“动词(做)+宾语(什么)”,如撰写……报告、制订……计划等。

10.2.3.3 **权限**

权限是为保证岗位职责的完整履行所必须具备的权力。如果这项权力缺失,会导致岗位工作职责不能完成。

权限的填写要求:

——权力具有排它性,是其他岗位所不具备的,至少不是必备的;

——权力尽可能围绕“范围、规范性引用文件”的要求具体描述。

示例:

安全监察员最重要权限有:对存在安全隐患的工作有即时叫停××分钟处理或上报的权力。

10.2.4 **岗位人员基本要求**

10.2.4.1 **准入学历与专业**

准入学历:应填写人事部门规定的胜任该岗位所需的最低学历要求,如高中、技校、中专、大专、本科、硕士、博士等。不是指任职者现有学历。

特殊岗位要求:包括年龄、性别、政治面貌、身体状况等(无特殊岗位要求不写)。

10.2.4.2 **专业技术职称**

即担任本岗位工作的最低职称,达不到要求就不能上岗。

10.2.4.3 **工作经历**

应填写人事部门规定的胜任该岗位必须具有的相关从业经历要求,不是指任职者现有工作经历。例如:“××年以上××岗位工作经验”,也可不作要求。

10.2.4.4 **工作能力**

应填写人事部门规定的胜任该岗位必须具有的基本能力(如写作能力、语言表达能力、沟通能力、电脑操作能力等)。不是指任职者现有基本能力,是为履行岗位职责所必须的、有“特别特征意义”的、不能缺失的能力,若无特殊要求的不填。

示例:

对于文字秘书岗位要求是“有极强的文字表达能力”;对于客户服务人员岗位要求是“较强的沟通与协调的能力”。

10.2.4.5 基本技能

应由人事部门明确规定胜任该岗位工作人员必须具有的基本技能要求,包括专业知识、操作水平、管理知识等。对从事特殊作业的人员应对其技能进行评定,应持证上岗。不是指任职者现有专业技能。

技能可以从两个方面来描述:

——知识技能等级或水平的描述,如:专业职称、职业资格证书、职业技能鉴定(专业技术)等级等要求;

——岗位操作实务的描述,如:熟练操作××设备、能够使用××专业软件、能够独立制作标书等。

10.2.5 工作内容要求与方法

10.2.5.1 工作内容

指履行本岗位职责应完成的具体工作内容和具体工作步骤。应说明做什么,依据什么(文件)做、如何做(方法和步骤),做到什么程度(质量要求),形成什么记录或报告,如何传递等。

10.2.5.2 方法描述

不同的岗位可能涉及不同的技术标准或管理标准,可按相关流程或相关作业指导书要求予以描述。

10.2.5.3 内容要求

与规范性引用文件、报告和记录内容相呼应。

10.2.5.4 标题顺序设置

每个一级条应设有标题,按职责与权限的顺序描述,充分体现计划、布置、检查、考核、总结改进的管理职能。

10.2.6 报告与记录

本岗位所形成的报告、记录,填写表4。

表4 ××岗位报告与记录汇总

序号	报告或记录编号	报告或记录名称	保存地点	保存形式	格式要求	保存期限
1						
2						
⋮						
注:本岗位涉及的报告和记录应无一遗漏填写。应能和工作内容与方法协调一致。 格式要求只需明确国网公司或本公司某项要求。						

10.2.7　**检查与考核**

依据“工作内容要求与方法”中的描述内容，确定检查人、考核标准。

10.2.7.1　**考核权限**

本岗位由上一级领导负责检查与考核。

10.2.7.2　**考核依据**

执行本岗位与上一级领导（公司、车间）签订的业绩考核办法。

10.2.7.3　**主要考核工作**

检查与考核的主要工作内容，应针对岗位职责进行概括总结哪些工作需要进行检查和考核。

10.2.7.4　**主要考核指标**

考核指标可包括：质量、时间、成本、风险等方面，并与流程中关键指标相一致。应根据“岗位说明书”中考核指标内容作必要完善补充。

10.2.8　**流程名称目录**

10.2.8.1　**本岗位主办的主要流程目录**

列出本岗位主办的主要流程目录。

10.2.8.2　**本岗位参与的主要流程目录**

列出本岗位参与、配合的主要流程目录。

附录 A
（规范性附录）
标准的用词说明

GB/T 1.1 推荐用词

A.1 表示要准确地符合标准而应严格遵守的要求的用词

正面词采用“应”；反面词采用“不应”。

A.2 表示在正常情况下首先应这样做的用词

正面词采用“宜”；反面词采用“不宜”。

A.3 表示在标准规定的范围内允许稍有选择的用词

正面词采用“可以”；反面词采用“不必”。

A.4 表示事务因果关系的可能性和潜在能力的用词

正面词采用“能”；反面词采用“不能”。

附录 B
（规范性附录）
标准中的字号和字体

标准中各个位置的文字的字号和字体如表 B.1 所示。

表 B.1　标准中的字号和字体

序号	页别	位置	文字内容	字号和字体
01	封面	右上第一行	标准的标志	黑体 60 号
02	封面	右上第二行	标准编号	四号黑体
03	封面	右上第三行	代替标准编号	五号宋体
04	封面	第一行	开封供电公司企业标准	标准称谓 一号宋体
05	封面	第二行	标准名称	一号黑体
06	封面	倒数第二行	发布日期、实施日期	四号黑体
07	封面	倒数第一行	开封供电公司	小三号黑体
08	封面	倒数第一行	发布	四号黑体
09	目次	第一行	目次	三号黑体
10	目次		目次内容	五号宋体
11	前言	第一行	前言	三号黑体
12	前言		前言内容	五号宋体
13	正文首页	第一行	标准名称	三号黑体
14	各页		标准条文	五号宋体
15	各页		章、条的编号和标题	五号黑体
16	各页		列项及其编号	五号宋体
17	各页		条文的示例、注、脚注	小五号宋体
18	各页		图注、图的脚注	小五号宋体
19	各页		图中的数字和文字	六号宋体
20	各页		图题、表题	五号黑体
21	各页		表中的文字、表注、表的脚注	小五号宋体
22	各页		图、表右上方关于单位的陈述	小五号宋体
23	附录	第一行	附录编号	五号黑体
24	附录	第二行	（规范性附录）、（资料性附录）	五号黑体
25	附录	第三行	附录标题	五号黑体
26	附录		附录内容	五号宋体
27	封底	右上角	标准编号	四号黑体
28	单双数页	书眉右、左侧	标准编号	五号黑体
29	单双数页	版心右、左下角	页码	小五号宋体

附录 C

（规范性附录）

开封供电公司技术标准体系表

技术标准体系

- 01. 技术基础标准
  - 02.安全通用标准
  - 03.标准化工作导则
  - 04.通用技术语言
  - 05.量和单位
  - 06.数值与数据
  - 07.互换性与精确度及实现系列化
  - 08.环境保护通用标准
  - 09.各专业的技术指导通则或导则

- 10. 规划设计
  - 10.01 基础综合
  - 10.02 电网规划
  - 10.03 变电站
  - 10.04 线路
  - 10.05 其他
- 11.工程建设
  - 11.01 基础综合
  - 11.02 变电站
  - 11.03 线路
  - 11.04 施工工艺
  - 11.05 验收
  - 11.06 技术经济
  - 11.07 采购
  - 11.08 其他
- 12.设备、材料
  - 12.01 基础综合
  - 12.02 高压电力设备
  - 12.03 中压电力设备
  - 12.04 低压电力设备
  - 12.05 线路
  - 12.06 继电保护
  - 12.07 电力电子
  - 12.08 仪器仪表
  - 12.09 机械及零部件
  - 12.10 验收
  - 12.11 采购
  - 12.12 其他
- 13.电力调度
  - 13.01 基础综合
  - 13.02 电力调度
  - 13.03 系统运行
  - 13.04 继电保护
  - 13.05 调度自动化
  - 13.06 其他
- 14.运行检修
  - 14.01 基础综合
  - 14.02 变（配）电站
  - 14.03 架空线路
  - 14.04 电力电缆
  - 14.05 其他
- 15.试验与计量
  - 15.01 基础综合
  - 15.02 高压电力设备
  - 15.03 中压电力设备
  - 15.04 线路
  - 15.05 继电保护
  - 15.06 电力电子
  - 15.07 仪器仪表
  - 15.08 电测计量
  - 15.09 化学检测
  - 15.10 火电
  - 15.11 其他
- 16.安全与环保
  - 16.01 基础综合
  - 16.02 作业安全
  - 16.03 劳动保护
  - 16.04 职业卫生
  - 16.05 环境保护
  - 16.06 应急机制
  - 16.07 消防
  - 16.08 其他
- 17.技术监督
  - 17.01 基础综合
  - 17.02 电能质量
  - 17.03 电气设备性能
  - 17.04 电测技术
  - 17.05 化学技术
  - 17.06 节能与环保技
  - 17.07 保护与控制系统
  - 17.08 自动化、信息及电力通信
  - 17.09 其他
- 18.信息技术、通信
  - 18.01 基础综合
  - 18.02 网络
  - 18.03 计算机
  - 18.04 信息安全
  - 18.05 信息资源
  - 18.06 应用技术
  - 18.07 通信
  - 18.08 通信网络(接口)
  - 18.09 其他
- 19.市场营销
  - 19.01 基础综合
  - 19.02 电能计量
  - 19.03 营业管理
  - 19.04 营销技术
  - 19.05 售电市场
  - 19.06 需求侧管理
  - 19.07 用电安全
  - 19.08 农电
  - 19.09 其他
- 20.节能技术
  - 20.01 基础综合
  - 20.02 节能
  - 20.03 其他

附录 D
（资料性附录）
开封供电公司管理标准体系表

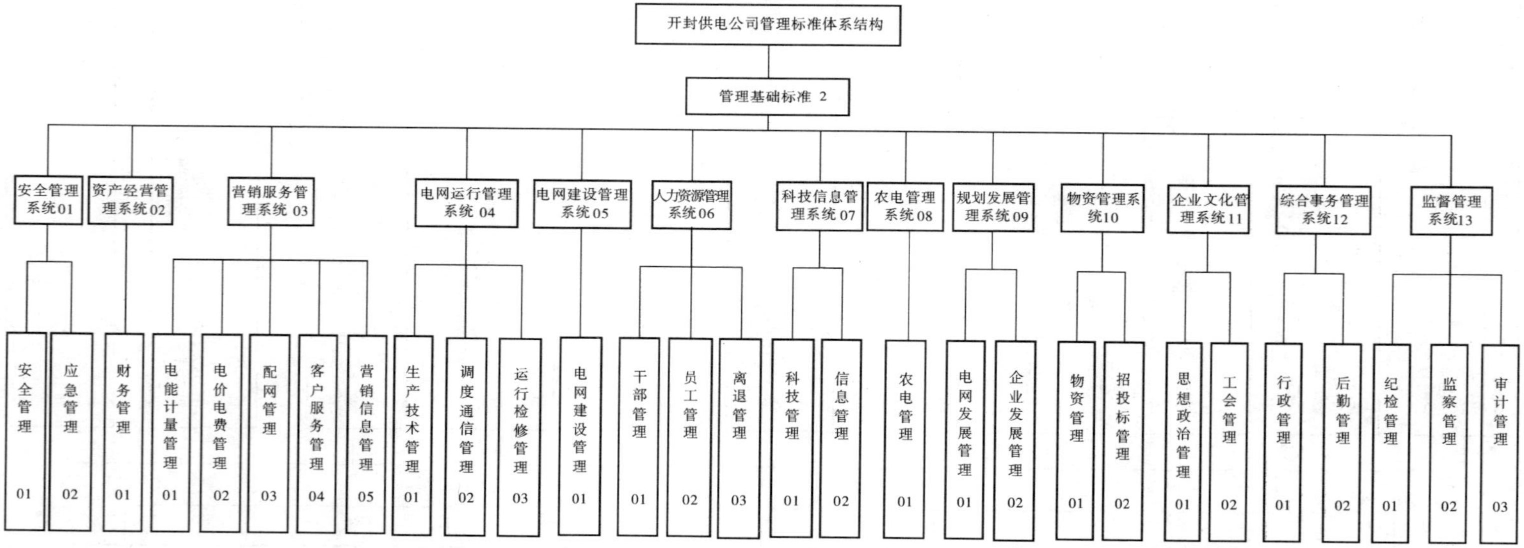

附录 E
（资料性附录）
开封供电公司工作标准体系表

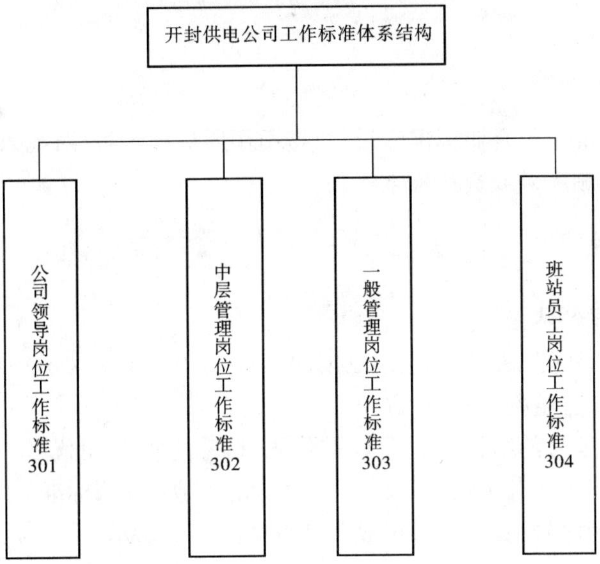

附录 F
（规范性附录）
开封供电公司标准编号规则

1 引用或采用标准编号

引用和采用标准不编企业标准编号，直接引用原标准编号，对纳入企业标准体系的引用和采用标准要编顺序号或资料检索代码。

2 企业标准编号格式

2.1 技术标准编号格式

开封供电公司技术标准编号格式：Q/GDW1714 1××××××—2010。

2.1.1 技术标准编号结构

企业技术标准编号的结构由企业标准代码、国家电网公司代号、河南省电力公司代号、河南省电力公司所属各单位企业代号、技术标准门类代码、标准一级分类代号、标准二级分类代号、标准顺序号、发布年号组成。结构如图 F.1 所示。

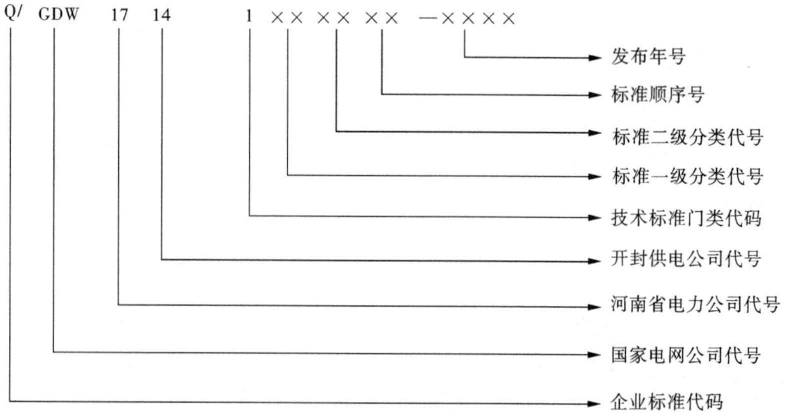

图 F.1 技术标准编号结构图

2.1.2 技术标准分类代号说明

技术标准的分类代号分为一级、二级。编号为 2 位数的为一级分类代号，如编号 01 为技术基础标准一级分类代号；只有一级分类代号的，二级分类代号为 00；编号为 4 位数的，前两位数为一级分类代号，后两位数为二级分类代号，如编号 1004，10 为一级分类代号，表示“规划设计”类，04 为二级分类代号，表示“线路”类，1004 即为“规划设计”中的线路类规划设计标准分类代号。

2.1.3 技术标准分类代号

2.1.3.1 基础类标准分类代号

基础类标准	编号
技术基础标准	01

安全通用标准	02
标准化导则	03
通用技术语言	04
量和单位	05
数值与数据	06
互换性与精确度及实现系列化	07
环境保护通用标准	08
各专业的技术指导通则或导则	09

2.1.3.2　专业类标准分类代号

专业类标准	编号
规划设计	10
基础综合	1001
电网规划	1002
变电站	1003
线路	1004
其他	1005
工程建设	11
基础综合	1101
变电站	1102
线路	1103
施工工艺	1104
验收	1105
技术经济	1106
采购	1107
其他	1108
设备、材料	12
基础综合	1201
高压电力设备	1202
中压电力设备	1203
低压电力设备	1204
线路	1205
继电保护	1206
电力电子	1207
仪器仪表	1208
机械及零部件	1209
验收	1210
采购	1211
其他	1212

电力调度	13
基础综合	1301
电力调度	1302
系统运行	1303
继电保护	1304
调度自动化	1305
其他	1306
运行检修	14
基础综合	1401
变(配)电站	1402
架空线路	1403
电力电缆	1404
其他	1405
试验与计量	15
基础综合	1501
高压电力设备	1502
中压电力设备	1503
线路	1504
继电保护	1505
电力电子	1506
仪器仪表	1507
电测计量	1508
化学检测	1509
火电	1510
其他	1511
安全与环保	16
基础综合	1601
作业安全	1602
劳动保护	1603
职业卫生	1604
环境保护	1605
应急机制	1606
消防	1607
其他	1608
技术监督	17
基础综合	1701
电能质量	1702
电气设备性能	1703

电测技术	1704
化学技术	1705
节能与环保技术	1706
保护与控制系统	1707
自动化、信息及电力通信	1708
其他	1709
信息技术、通信	18
基础综合	1801
网络	1802
计算机	1803
信息安全	1804
信息资源	1805
应用技术	1806
通信	1807
通信网络(接口)	1808
其他	1809
售电市场与营销	19
基础综合	1901
电能计量	1902
营业管理	1903
营销技术	1904
售电市场	1905
需求侧管理	1906
用电安全	1907
农电	1908
其他	1909
新能源与节能	20
基础综合	2001
节能	2002
其他	2003

2.2 管理标准编号格式

开封供电公司管理标准编号格式：Q/GDW1714 2××××××—2010。

2.2.1 管理标准编号结构

企业管理标准编号的结构由企业标准代码、国家电网公司代号、河南省电力公司代号、开封供电公司企业代号、管理标准门类代码、标准一级分类代号、标准二级分类代号、标准顺序号、发布年号组成。结构如图 F.2 所示。

2.2.2 管理标准分类代号说明

管理标准的分类代号分为一级、二级。编号为 2 位数的为一级分类代号，如编号 01

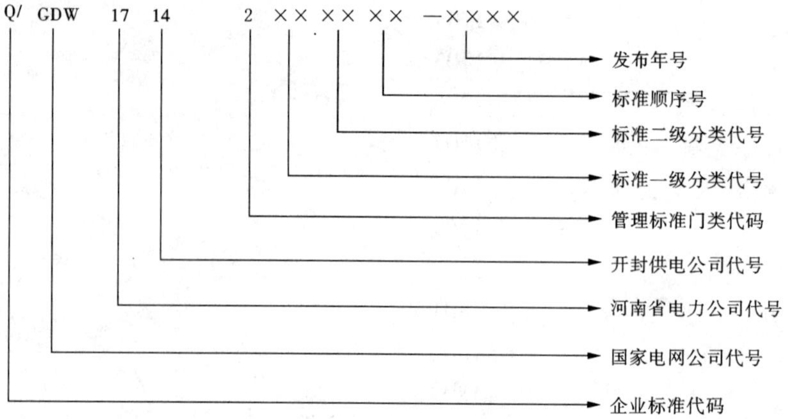

图 F.2 管理标准编号结构图

为管理基础标准一级分类代号；只有一级分类代号的，二级分类代号为 00；编号为 4 位数的，前两位数为一级分类代号，后两位数为二级分类代号，如编号 0201，02 为一级分类代号，表示“战略规划管理系统”类，01 为二级分类代号，表示“战略目标管理”类，0201 即为“战略规划管理系统”中的战略目标管理标准分类代号。

2.2.3 管理标准分类代号

管理标准分类	代号
管理基础标准	00
安全管理系统	01
安全管理	0101
应急管理	0102
资产经营管理系统	02
财务管理	0201
营销服务管理系统	03
电能计量管理	0301
电价电费管理	0302
配网管理	0303
客户服务管理	0304
营销信息管理	0305
电网运行管理系统	04
生产技术管理	0401
调度通信管理	0402
运行检修管理	0403
电网建设管理系统	05
电网建设管理	0501
人力资源管理系统	06
干部管理	0601
员工管理	0602

离退管理	0603
科技信息管理系统	07
科技管理	0701
信息管理	0702
农电管理系统	08
农电管理	0801
规划发展管理系统	09
电网发展管理	0901
企业发展管理	0902
物资管理系统	10
物资管理	1001
招投标管理	1002
企业文化管理系统	11
思想政治管理	1101
工会管理	1102
综合事务管理系统	12
行政管理	1201
后勤管理	1202
监督管理系统	13
纪检管理	1301
监察管理	1302
审计管理	1303

2.3 工作标准编号格式

开封供电公司工作标准编号格式：Q/GDW1714 3××××××—2010。

2.3.1 工作标准编号结构

企业工作标准编号的结构由企业标准代码、国家电网公司代号、河南省电力公司代号、开封供电公司企业代号、工作标准门类代码、标准分类代号、部门代号、标准顺序号、发布年号组成。结构如图 F.3 所示。

2.3.2 开封供电公司工作标准分类代号

工作标准分类	代号
公司领导岗位工作标准	01
中层管理岗位工作标准	02
一般管理岗位工作标准	03
班站员工岗位工作标准	04

2.3.3 工作标准部门代号

2.3.3.1 开封供电公司工作标准部门代号

公司领导、副总师	01
办公室	02

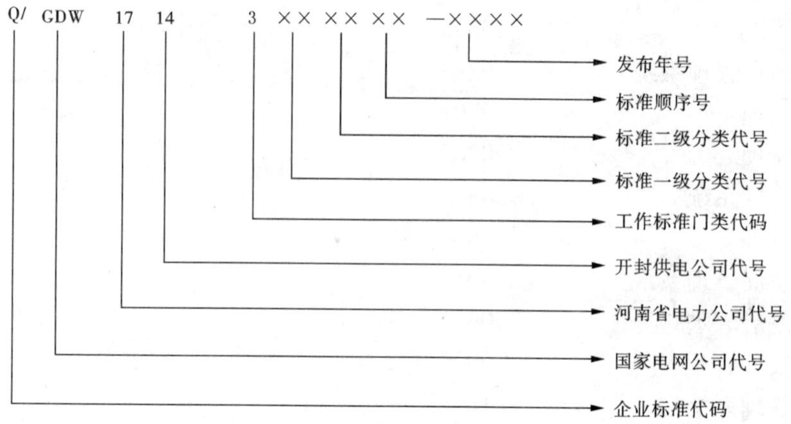

图 F.3 工作标准编号结构图

发展策划部	03
生产技术部	04
财务资产部	05
安全监察部(应急指挥中心)	06
审计部	07
监察部	08
科技信息部	09
思想政治工作部(新闻)	10
工会	11
人力资源部	12
电力调度通信中心	13
营销部	14
基建部	15
农电工作部	16
电费管理中心	17
客户服务中心	18
电能计量中心	19
配电服务中心	20
农电服务中心	21
稽查分局	22
输电部	23
变电运行部	24
变电检修部	25
设计院	26
后勤服务中心	27
物流服务分中心	28
土建建设中心	29

2.4 报告和记录的编号格式

开封供电公司标准中报告和记录的编号格式:Q/GDW1714 ×××××××—××××-R××。

2.4.1 报告和记录的编号结构

报告和记录的编号由产生该报告和记录的标准编号、记录和报告的门类代号、记录和报告的顺序号3部分组成。结构如图F.4所示。

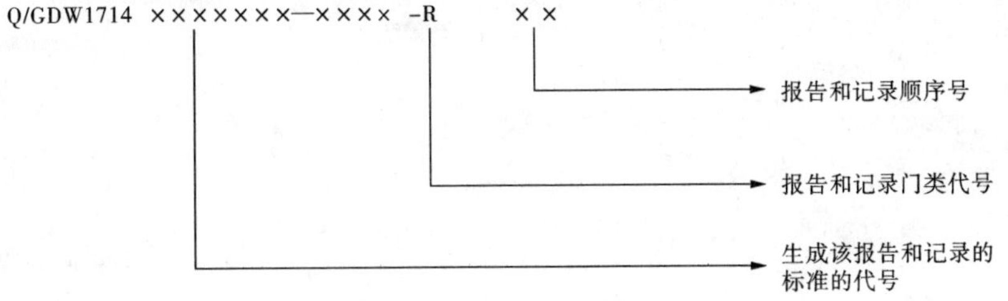

图F.4 报告和记录编号结构图

2.4.2 报告和记录编号说明

报告和记录编号的编制原则以管理流程为中心。两个及以上管理标准中出现同一个报告和记录,编号应由专业职能部门协商确定,以主流程所在的管理标准编号命名该报告和记录,保持报告和记录编号的唯一性。

附录 G
（规范性附录）
开封供电公司封面格式模板

开封供电公司封面格式模板如下页所示。

Q/GDW1714

开封供电公司企业标准

Q/GDW1714　×××××××—××××

×××××标准

××××-××-××发布　　　　××××-××-××实施

开封供电公司　发布

标准化建设管理标准

Q/GDW1714 2000102—2010

前　言

企业标准化是企业科学规范管理的基础。搞好企业标准化工作,对提高工作效率和质量,促进安全生产、文明生产,改进经营管理,提高经济效益具有重要作用。本标准是根据新颁布的国家标准 GB/T 15496—2003《企业标准体系　要求》和电力部 DL/T 600—2001《电力行业标准编写基本规定》及有关规定制定的。

制定本标准的目的是规范公司管理工作,进一步提高科学管理水平,指导公司标准化工作,实现同国际管理惯例接轨。

本标准的附录 A、附录 B、附录 C 为规范性附录。

本标准由开封供电公司标准化建设委员会提出并归口。

本标准由开封供电公司标准化建设办公室组织起草编制。

本标准起草人: 胡昆岭　朱峰

本标准编审组审核人:胡昆岭

本标准专业审核人:王黎冬

本标准标准化建设办公室审核人:胡昆岭　郑罡　高鑫　张白　朱峰　高付良　申文琰　周世华

本标准审定人: 郭亚

本标准批准人: 郑盾

本标准由标准化建设委员会负责解释。

1　范围

本标准规定了公司标准化管理的基本任务、组织机构、职责,公司标准体系的建立,标准的制定(含修订,下同),信息的收集,标准体系的评价与改进。

本标准适用于开封供电公司标准化工作的管理。

2　规范性引用文件

下列文件中的条款通过本标准的引用而成为本标准的条款。凡是注日期的引用文件,其随后所有的修改单(不包括勘误的内容)或修订版均不适用于本标准,然而,鼓励根据本标准达成协议的各方研究是否可使用这些文件的最新版本。凡是不注日期的引用文件,其最新版本适用于本标准。

《中华人民共和国标准化法》

国家技术监督局第13号令　《企业标准化管理办法》

国家经贸委第10号令　《电力行业标准化管理办法》

DL/T 800—2001　《电力企业标准编制规则》

GB/T 15496—2003　《企业标准体系　要求》

GB/T 15497—2003　《企业标准体系　技术标准体系》

GB/T 15498—2003　《企业标准体系　管理标准和工作标准体系》

GB/T 19273—2003　《企业标准体系评价与改进》

DL/T 600—2001　《电力标准编写基本规定》

3　术语和定义

下列术语和定义适用于本标准。

3.1　标准

为在一定的范围内获得最佳秩序，经协商一致制定并由公认机构批准，共同使用的和重复使用的一种规范性文件。

[GB/T 15496—2003　企业标准体系　要求，术语与定义3.1]

3.2　标准化

为在一定范围内获得最佳秩序，对现实问题或潜在问题制定共同使用和重复使用的条款的活动。

[GB/T 15496—2003　企业标准体系　要求，术语与定义3.2]

3.3　企业标准体系

企业内的标准按其内在联系形成的科学的有机整体。

[GB/T 15496—2003　企业标准体系　要求，术语与定义3.4]

3.4　技术标准

技术标准是对标准化领域中需要协调统一的技术事项所制定的标准。

对企业而言，企业技术标准是对企业标准化领域中需要协调统一的技术事项所制定的标准。

企业技术标准的形式可以是标准、规范、规程、守则、操作卡、作业指导书等。

[DL/T 800—2001　电力企业标准编制规则，术语与定义3.6]

3.5　管理标准

对企业标准化领域中需要协调统一的管理事项所制定的标准。

注：“管理事项”主要指在营销、设计、采购、工艺、生产、检验、能源、安全、卫生环保等管理中与实施技术标准有关的重复性事物和概念。

[DL/T 800—2001　电力企业标准编制规则，术语与定义3.7]

3.6　工作标准

对企业标准化领域中需要协调统一的工作事项所制定的标准。

注："工作事项"主要指在执行相应管理标准和技术标准时与工作岗位的职责，岗位人员基本技能，工作内容、要求与方法，检查与考核等有关重复性事物和概念。

[DL/T 800—2001 电力企业标准编制规则，术语与定义 3.7]

3.7 符号

本标准的标准化管理流程图中各种框图符号的含义，按公司标准《企业标准编写、印刷规定》解释。

4 职责与权限

4.1 管理分工

4.1.1 开封供电公司标准化建设委员会（简称标委会）负责标准化工作的启动、协调并审批检查监督过程中的重大事项。

4.1.2 开封供电公司标准化管理办公室是标准化工作的归口管理部门，其他相关职能部门负责组织本专业标准化的推进及管理工作。

4.2 标准化建设委员会（简称标委会）

标准化建设委员会由公司领导、副总及部门行政正职人员组成。公司领导任标委会主任，公司副总及部门行政正职为标委会成员。

4.2.1 贯彻国家和上级有关标准化工作的法律、法规、方针、政策，确定与公司方针目标相适应的标准化工作任务和指标。

4.2.2 审批公司标准化工作规划、计划和其他重大问题，批准标准化活动经费。

4.2.3 审批公司标准。

4.2.4 负责组织对公司标准体系的评定审核。

4.2.5 对为推动公司标准化工作做出贡献的单位和个人进行表彰、奖励。

4.3 标准化建设办公室

标准化建设办公室是公司标准化工作的办事机构，该机构设在发展策划部，负责公司标准化建设的日常工作。公司所属各部门按照 GB/T 15496—2003 的规定，设立相应的专（兼）职工作岗位。

4.3.1 根据标委会的授权，组织标准化建设各专业组、各管理部门和各基层单位开展标准化工作。

4.3.2 组织编制公司标准化工作规划、计划。

4.3.3 组织标准归口管理部门编制和修订公司标准体系表。

4.3.4 负责标准的规范化审核，办理标准编号、发布、备案工作。

4.3.5 组织对标准化人员进行培训、考核。

4.3.6 管理公司标准化经费。

4.3.7 归口管理公司标准的出版和宣贯等工作。

4.3.8 负责对在公司的标准化工作中做出贡献的有关人员，提出表彰意见。

4.3.9 组织完成标委会及上级标准化部门交给的各项标准化工作任务。

4.4 标准化建设专业组

标准化建设各专业组是标准化建设工作中具体工作实施的组织。各专业组负责其专业范围内标准的制定、贯彻、修改以及废止等工作。其成员由公司生产经营活动所包含的各类专业的技术和管理专责及班站长组成。

4.4.1 贯彻公司标准化工作规划、计划。

4.4.2 审议各专业组和各部门申报的标准制定的计划项目。

4.4.3 根据标委会工作计划,会同标准化建设办公室安排制定标准的起草部门和起草人。

4.4.4 审查标准送审稿。

4.4.5 会同标准化建设办公室完成标委会交给的各项标准化工作任务。

4.5 主管公司领导

主管公司领导是标准化建设工作中,对其分管专业标准制定、修编、废止工作审批的主管领导。

4.6 技术标准归口管理部门

生产技术部、营销部是公司技术标准的归口管理部门,在标委会领导下,负责收集、整理本公司适用的国家、行业和上级部门发布的技术标准,主要职责有:

4.6.1 负责公司技术标准体系的建立和维护。

4.6.2 负责组织公司重大技术标准的制定和修订工作。

4.6.3 负责指导基层单位制定本企业的技术标准。

4.6.4 负责组织新颁布技术标准的宣贯和培训工作。

4.6.5 负责向基层单位及时下发新颁布或废止的技术标准目录,为基层单位的技术标准查询提供服务。

4.7 管理标准归口管理部门

发展策划部是公司管理标准的归口管理部门,主要职责有:

4.7.1 在标委会领导下,负责公司管理标准体系的建立和维护,将新出台的规章制度及时纳入公司管理标准体系。

4.7.2 负责组织协调有关部门制定和修订公司的管理标准。

4.7.3 负责指导基层单位管理标准的制定工作。

4.7.4 负责组织新颁布管理标准的宣贯和培训工作。

4.8 工作标准归口管理部门

人力资源部是公司工作标准的归口管理部门,主要职责有:

4.8.1 在标委会领导下,负责公司工作标准体系的建立和维护。

4.8.2 负责公司通用工作标准的制定工作。

4.8.3 负责组织公司本部制定和修订工作标准。

4.8.4 负责指导基层单位工作标准的制定工作。

4.8.5 负责依据工作标准进行岗位工作业绩的评价和奖惩工作。

5 管理内容与方法

5.1 本标准依据的流程

标准化建设管理流程见附录 A。

5.2 标准的制定

5.2.1 制定标准的原则

a)贯彻国家和地方有关标准化工作的方针、政策、法律、法规等,严格执行强制性国家标准、行业标准和地方标准。

b)保证安全、文明生产和环境保护工作。

c)有利于企业技术进步,提高设备健康水平;有利于提高质量、降低消耗、提高效益;有利于提高公司的管理水平,促进管理工作科学化、规范化、标准化。

d)公司标准要先进、合理、简化、统一、适用,便于实施、考核。

e)本公司内的标准之间应协调一致。

f)根据实际需要积极采用国际标准和国外先进标准。

5.2.2 制定计划

各专业及标准归口管理部门根据工作需要制定各自年度标准修编计划并填写标准计划审批表(见附录 B 表 B.1),部门主任及专业组审查后,提交至标准化建设办公室,标准化建设办公室对计划进行归纳汇总,经标委会审批后,列入年度标准化工作计划,并由标准化建设办公室组织计划的实施。

5.2.3 调查研究,收集资料

计划实施时,修编人员应针对以下方面进行调查研究和收集资料:

——标准化对象的现状和发展方向;

——有关的最新科技成果;

——生产和工作实践中积累的技术数据、统计资料;

——国际、国内标准和相关标准资料;

——企业现有生产条件、检测条件和管理条件。

综合分析标准制定的必要性、目的性、适用范围、使用要求等。

5.2.4 征求意见稿

修编人对收集到的资料进行整理、分析、对比、选优后,修编标准的征求意见稿,交标准化建设办公室,由标准化建设办公室组织征求标准涉及部门的意见,填写《〈征求意见稿〉修改意见表》(见附录 B 表 B.2)。

5.2.5 送审稿

修编人完成标准征求意见稿后,交标准化建设办公室,由标准化建设办公室组织相关专业组技术和管理人员征求意见,并对意见归纳汇总,经各专业组反馈给标准修编人进行修改,形成标准送审稿。

标准的审查一般采取先由各专业组相关技术和管理人员汇同审查的方式,会审的对象是征求意见稿、送审稿,填写《会审修改意见表》(见附录 B 表 B.4),再由标准主管公司

领导审查并签字，填写《〈送审稿〉主管领导修改意见表》（见附录 B 表 B.3）。

5.2.5.1 **标准审查的主要内容**

a）是否与上级标准相抵触。

b）是否符合实际情况并具有可操作性。

c）与正在实施的标准是否相矛盾。

5.2.5.2 **标准审查时发现问题按下列原则处理**

a）与上级标准相抵触按上级规定修订；

b）两个（含两个）以上标准中，其有关事项规定不统一，横向管理部门意见相抵时，由其专业组提出处理意见，提交标委会审批。

5.2.6 报批稿

标准修编人在对送审稿修改后，形成标准报批稿，同时提交标准化建设办公室，交各专业组对报批稿进行审查，审查通过后交标准化建设委员会审批，填写《标准审批表》（见附录 B 表 B.5）。

5.3 标准的批准和发布

报批稿经标委会审批后，由标准化建设办公室分配编号、公告发布、同时备案，更新公司标准目录。

公司标准编号规定见附录 C。

5.4 标准的复审

公司标准应定期复审，复审周期一般不超过 3 年。

5.5 标准的修改

标准内容大部分适用，仅个别条文或图、表需作少量修改或补充为修改。修改的标准只需发布标准修改公告，原标准不作修订。

如果需修改内容较多，填写《标准计划申报表》（见附录 B 表 B.1），经标委会审批后由标准化建设办公室依据新编标准审批发布程序进行审批发布。

5.6 标准的废止

标准的内容已经不适应需要时，由使用标准部门提出申请，填写《标准计划申报表》（见附录 B 表 B.1）经标委会审批后由标准化建设办公室予以废止并公告。

5.7 标准的实施

标准的实施应遵循以下基本原则。

5.7.1 与电力相关的国家标准、行业标准、地方标准中的强制性标准和技术法规以及经公司标准化建设委员会批准发布的企业标准，必须严格执行。

5.7.2 当各级标准有矛盾或不一致时，应执行下级标准服从上级标准的原则。

5.8 标准实施的监督检查

5.8.1 监督检查的内容是生产过程、各项管理工作和各个工作岗位贯彻实施标准的情况。

5.8.2 监督检查采用统一领导和分工负责相结合的管理体制。在公司标委会主任领导下，标准化建设办公室采取定期检查和不定期抽查的方式对各基层部门标准执行的情况进行检查，定期检查的周期为半年。

5.8.3 检查完成后，将检查结果汇总上报公司标准化建设委员会，提出相应奖惩意见。

5.8.4 标准化建设委员会对检查结果进行审批后，交由标准化建设办公室发布检查结果，并下达督查通知单，各部门对照检查结果进行整改。

5.8.5 进行整改的部门，须对整改结果进行自查，自查通过后报标准化建设办公室进行审查，审查通过后，方可结束整改工作，同时标准化建设办公室将督查通知单归档。

5.9 标准管理

标准化建设办公室将审批后的标准发布到公司标准化网站，供专业和岗位人员查询使用，在标准化网站之外存在的标准文件视为无效。

5.10 标准体系的维护

标准化建设办公室定期组织各标准归口管理部门收集国际、国内、行业、地方发布的最新的标准和信息，及时纳入归口管理的标准体系。该项工作周期为3年。

5.11 标准体系的评价和改进

标准化建设办公室每年应组织一次对标准体系是否符合相关标准的要求以及标准体系运行的有效性进行评审，评审工作应按照GB/T 19273—2003的要求进行。

6 检查与考核

6.1 检查与考核内容

6.1.1 本标准由分管副总经理对发展策划部管理工作进行检查，发展策划部负责对各有关单位的工作检查与考核。

6.1.2 本标准实行月度考核兑现。

6.1.3 本标准按公司绩效考核实施办法奖惩。

6.2 主要考核指标

表1列出了标准化建设管理的主要考核指标。

表1 标准化建设管理主要考核指标

序号	考核指标	考核标准	负责岗位	所属部门	监督部门
1	标准的覆盖率	≥80%	标准化管理	发展策划部	标委会
2	标准的正确率	100%	标准化管理、 相关专业专责	发展策划部、 公司属各职能部门	标委会
3	标准的适用率	100%	标准化管理	发展策划部	标委会
4	标准的执行率	100%	相关专业专责	公司属各部门	发展策划部

7 报告与记录

表2给出了执行本标准形成的报告和记录。

表2 标准化建设管理报告和记录汇总表

序号	报告和记录编号	报告和记录名称	填写人	保存形式	保存期限
1	Q/GDW1714 2000102—2010 - R01	标准计划申报表	标准编写人	纸质文档	长期
2	Q/GDW1714 2000102—2010 - R02	《征求意见稿》修改意见表	标准编写人	纸质文档	长期
3	Q/GDW1714 2000102—2010 - R03	《送审稿》主管领导修改意见表	标准编写人	纸质文档	长期
4	Q/GDW1714 2000102—2010 - R04	会审修改意见表	标准编写人	纸质文档	长期
5	Q/GDW1714 2000102—2010 - R05	标准审批表	标准编写人	纸质文档	长期

附录 A
（规范性附录）
标准化建设管理流程

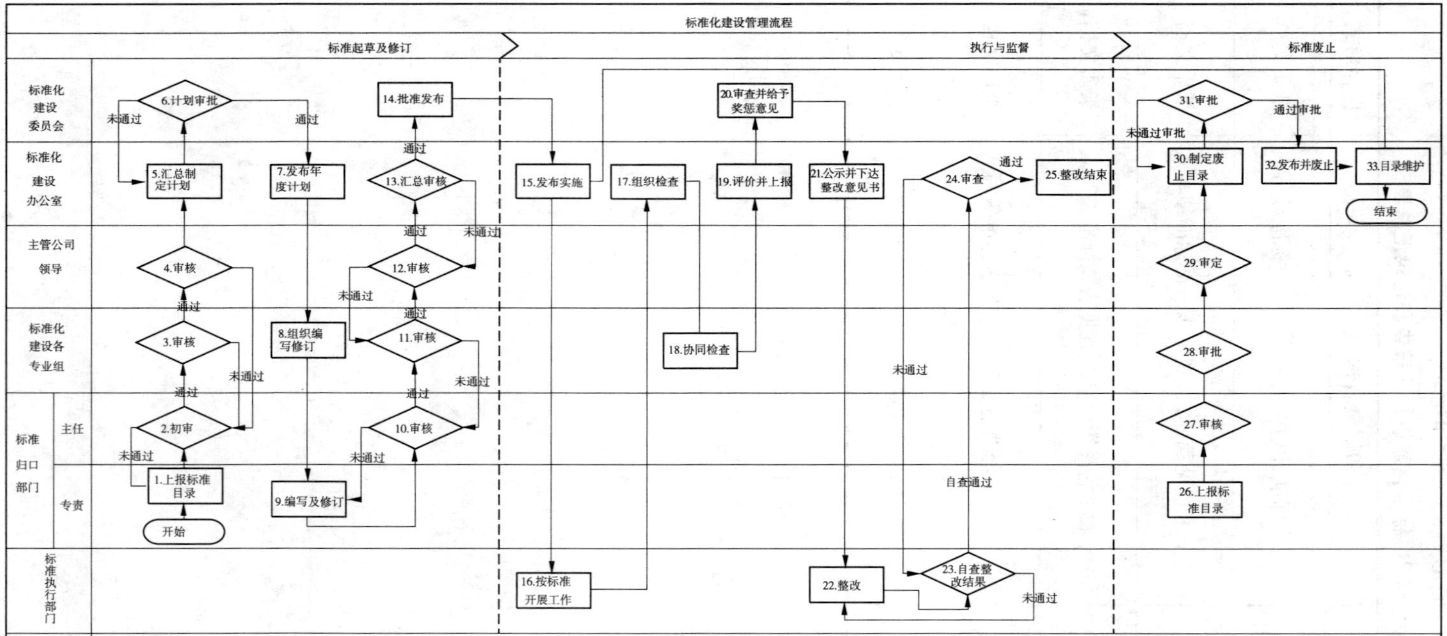

基础资料	1.标准计划审批表 2.标准实施整改督查表
过程描述	节点1：标准归口管理部门专责根据工作需要和标准系统执行情况上报需要新编、修改的标准目录。 节点2：标准归口管理部门主任对专责上报的标准目录进行专业和需求两方面初审。 节点3：主管公司领导对上报标准的新编和修订工作进行审批。 节点4：标准化建设专业组对上报的标准在专业内进行标准目录的审核。 节点5：标准化建设办公室进行目录汇总，制定年度标准化建设工作计划。 节点6：标委会对年度计划进行审批、确认。 节点7：标准化建设办公室根据标委会对计划的审批情况正式发布年度计划，并确定相关负责人员。 节点8：各专业组组织标准的编修工作，并制定具体时间计划。 节点9：标准归口管理部门相关负责人员具体开展标准的修编工作。 节点10：归口管理部门主任对标准修编后的初稿进行一级审核。 节点11：各专业组召集修编标准涉及的相关部门进行标准的会审工作。 节点12：主管公司领导进行二级审核。 节点13：标准化建设办公室对提交的修编后标准进行兼容性审核。 节点14：标委会对年度修编的标准进行批准，正式启用。 节点15：标准化建设办公室负责发布新修订、废止的各项标准。 节点16：基层部门严格按照标准进行工作。 节点17：标准化建设办公室定期对标准执行情况进行自主组织检查。 节点18：各专业组协同进行标准化工作检查。 节点19：标准化建设办公室对检查结果进行评价，并上报标委会。 节点20：标委会对检查结果给予奖惩意见。 节点21：标准化建设办公室对检查结果公示，并下达整改意见书。 节点22：标准执行部门进行整改。 节点23：标准执行部门进行整改自查，通过后上报标准化建设办公室。 节点24：标准化建设办公室对上报的整改结果进行审查。 节点25：审查通过后，整改结束，资料归档。 节点26：标准归口部门专责上报待报废标准目录。 节点27：标准归口部门主任初审。 节点28：各专业组审批。 节点29：主管领导审核。 节点30：标准化建设办公室编制报废标准目录。 节点31：标委会对报废目录进行审批。 节点32：标准化建设办公室发布废止标准目录。 节点33：标准化建设办公室负责标准目录的整体维护

附录 B
（规范性附录）
表格样式

表 B.1　标准计划申报表

申报日期：　　年　月　日

<table>
<tr><td colspan="4">标准计划申报表</td></tr>
<tr><td>标准名称</td><td></td><td>标准编号</td><td></td></tr>
<tr><td>标准所属专业组</td><td></td><td colspan="2" rowspan="3">申报标准类型：
新编 □
修改 □
废止 □</td></tr>
<tr><td>标准归口部门</td><td></td></tr>
<tr><td>标准计划申请人</td><td></td></tr>
<tr><td>标准申报原因</td><td colspan="3"></td></tr>
<tr><td>主管领导意见</td><td colspan="3">领导意见：　　　　日期：　　年　月　日</td></tr>
<tr><td>标准所属专业组意见</td><td colspan="3">领导意见：　　　　日期：　　年　月　日</td></tr>
<tr><td>标委会意见</td><td colspan="3">领导意见：　　　　日期：　　年　月　日</td></tr>
<tr><td>备注</td><td colspan="3"></td></tr>
</table>

注：1. 如果申报的标准是新编标准，申报人在填写本表时，不需填写标准编号一栏，该栏内容在计划批准后，由标准化建设办公室负责填写。

2. 标准计划的申请人即是标准新编和修改的具体操作人员。

表 B.2 《征求意见稿》修改意见表

日期：　　年　月　日

《征求意见稿》修改意见表			
标准名称		标准编号	
标准所属专业组			
标准归口部门			
被征求部门意见 或修改建议			
部门名称(加盖部门章)		部门主管签字	

表 B.3 《送审稿》主管领导修改意见表

日期：　　年　月　日

《送审稿》主管领导修改意见表			
标准名称		标准编号	
标准所属专业组			
标准归口部门			
主管领导意见 或修改建议			
主管领导签字			

表 B.4　会审修改意见表

日期：　　年　月　日

会审修改意见表			
标准名称		标准编号	
标准所属专业组			
标准归口部门			
专业组意见或修改建议			
专业组组长签字			

表 B.5　标准审批表

日期：　　年　月　日

标准审批表			
标准名称		标准编号	
标准所属专业组			
标准归口部门			
标准化委员会审批意见			
标准化委员会签字			

附录C

(规范性附录)

标准编号原则

本规定明确了公司标准编号的统一办法,适用于开封供电公司标准化管理工作。

技术标准的编号格式:

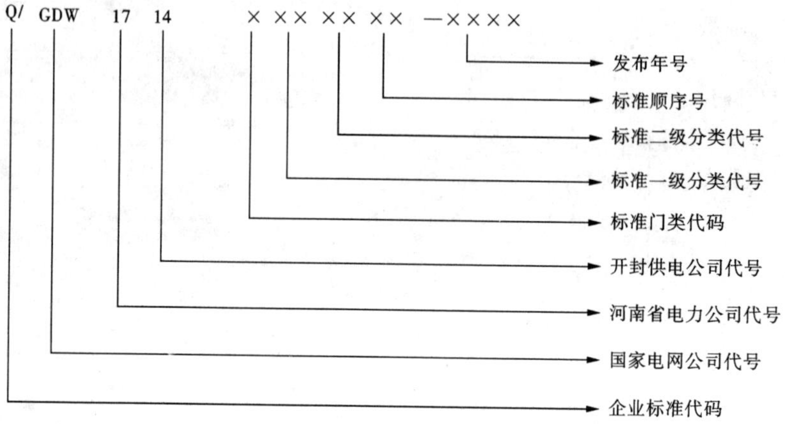

图C.1 标准编号结构图

编写格式的说明:

——企业标准代号用Q表示,Q为“企”字的第一个汉语拼音字母。

——单位代码,开封供电公司代码1714。

——标准门类代号用一位数表示,技术标准为1、管理标准为2、工作标准为3。

——标准顺序号,用6位数表示,它是各分类标准的顺序号。

——年号是指标准发布的年份,用四位数表示。

——编号中的数字用阿拉伯数表示。

基层单位宜根据自己实际情况可酌情确定标准顺序号的含义,顺序号位数不足可适当增加。